技工院校一体化课程教学改革电梯工程技术专业教材

电梯照明线路安装

人力资源社会保障部教材办公室组织编写

中国劳动社会保障出版社

内容简介

本书主要内容包括轿厢照明及插座安装、井道照明及插座安装、机房照明及插座安装三个学习任务。

图书在版编目（CIP）数据

电梯照明线路安装 / 人力资源社会保障部教材办公室组织编写 . -- 北京：中国劳动社会保障出版社，2021

技工院校一体化课程教学改革电梯工程技术专业教材

ISBN 978-7-5167-3657-9

Ⅰ.①电…　Ⅱ.①人…　Ⅲ.①电梯－电气照明－设备安装－技工学校－教材　Ⅳ.①TU857

中国版本图书馆 CIP 数据核字（2021）第 107225 号

中国劳动社会保障出版社出版发行

（北京市惠新东街 1 号　邮政编码：100029）

*

北京市白帆印务有限公司印刷装订　　新华书店经销

787 毫米 ×1092 毫米　16 开本　9.5 印张　162 千字

2021 年 7 月第 1 版　　2021 年 7 月第 1 次印刷

定价：19.00 元

读者服务部电话：（010）64929211/84209101/64921644

营销中心电话：（010）64962347

出版社网址：http：//www.class.com.cn

http：//jg.class.com.cn

技工院校一体化课程教学改革教材编委会名单

编审人员

主　编：余　晖

副主编：王崇梅

参　编：王跃峰　李小英　陈浩然　杨　敏　王　军　刘　军

主　审：陈立香

■序

习近平总书记指示：“职业教育是国民教育体系和人力资源开发的重要组成部分，是广大青年打开通往成功成才大门的重要途径，肩负着培养多样化人才、传承技术技能、促进就业创业的重要职责，必须高度重视、加快发展。”技工教育是职业教育的重要组成部分，是系统培养技能人才的重要途径。多年来，技工院校始终紧紧围绕国家经济发展和劳动者就业，以满足经济发展和企业对技术工人的需求为办学宗旨，既注重包括专业技能在内的综合职业能力的培养，也强调精益求精的工匠精神的培育，为国家培养了大批生产一线技能劳动者和后备高技能人才。

随着加快转变经济发展方式、推进经济结构调整以及大力发展高端制造业等新兴战略性产业，迫切需要加快培养一批具有高超技艺的技能人才。为了进一步发挥技工院校在技能人才培养中的基础作用，切实提高培养质量，从2009年开始，我部借鉴国内外职业教育先进经验，在全国200余所技工院校先后启动了三批共计32个专业（课程）的一体化课程教学改革试点工作，推进以职业活动为导向，以校企合作为基础，以综合职业能力培养为核心，理论教学与技能操作融会贯通的一体化课程教学改革。这项改革试点将传统的以学历为基础的职业教育转变为以职业技能为基础的职业能力教育，促进了职业教育从知识教育向能力培养转变，努力实现“教、学、做”融为一体，收到了积极成效。改革试点得到了学校师生的充分认可，普遍反映一体化课程教学改革是技工院校一次“教学革命”，学生的学习热情、综合素质和教学组织形式、教学手段都发生了根本性变化。试点的成果表明，一体化课程教学改革是转变技能人才培养模式的重要抓手，是推动技工院校改革发展的重要举措，也是人力资源社会保障部门加强技工教育和职业培训工作的一个重点项目。

教学改革的成果最终要以教材为载体进行体现和传播。根据我部推进一体化课程教学改革的要求，一体化课程教学改革专家、几百位试点院校的骨干教师以及中国人力资源和社会保障出版集团的编辑团队，组织实施了一体化课程教学改革试点，并将试点中形成的课程成果进行了整理、提炼，汇编成教材。第一批试点专业教材2012年正式出版后，得到了院校的认可，我们于2019年启动了第一批试点专业教材的修订工作，将于2020年出版。同时，第二批、第三批试点专业教材经过试用、修改完善，也将陆续正式出版。希望全国技工院校将一体化课程教学改革作为创新人才培养模式、提高人才培养质量的重要抓手，进一步推动教学改革，促进内涵发展，提升办学质量，为加快培养合格的技能人才做出新的更大贡献！

技工院校一体化课程教学改革

教材编委会

2020年5月

目　　录

学习任务一　轿厢照明及插座安装

学习目标

1. 能通过识读轿厢照明及插座安装任务单，明确工作任务。

2. 熟悉轿厢照明及插座安装基本知识，能正确识读轿厢照明安装平面图。

3. 能根据任务要求和施工图，勘察施工现场，进行设置施工通告牌及技术交底等开工前的必要准备工作。

4. 明确轿厢照明及插座的安装流程。

5. 能与项目组长进行专业沟通，根据轿厢照明及插座安装任务单的要求和实际情况，在项目组长的指导下制订工作计划。

6. 能正确使用电梯照明线路安装工具，穿戴安全帽、安全带、工作服等安全防护用具，了解触电与急救相关知识。

7. 能按图样、工艺、安全规程要求，完成轿厢风扇、插座和照明电路的安装。

8. 能正确填写施工质量自检表，并交付验收。

9. 能拓展学习轿厢照明线路常见故障现象与处理方法，学习维修技能。

10. 能对轿厢照明及插座安装过程进行总结与评价。

建议学时

108 学时

工作情境描述

我市某电梯公司接到一新建小区 112 台电梯的安装任务，目前已经完成了轿厢和对重机械部分的安装，且随行电缆已连接到机房，现需要进行电梯轿厢照明、风扇、应急照明与插座的安装。电梯安装作业人员从项目组长处领取安装任务单，要求采用小组合作的方式，在 3 天内完成安装任务，并交付验收。

学习活动 1　明确工作任务（12 学时）

学习活动 2　安装前的准备工作（54 学时）

学习活动 3　制订工作计划（18 学时）

学习活动 4　线路安装及验收（18 学时）

学习活动 5　工作总结与评价（6 学时）

学习活动1　明确工作任务

学习目标

1. 能通过识读轿厢照明及插座安装任务单，明确工作任务。
2. 熟悉轿厢照明及插座安装基本知识。
3. 能正确识读电梯照明线路平面图。

建议学时　12学时

学习过程

一、接受任务单，明确工作任务

电梯安装作业人员从项目组长处领取轿厢照明及插座安装任务单，明确安装项目、时间、人员及地点等内容。

轿厢照明及插座安装任务单

合同编号	EE21670A		
使用单位	正华物业管理公司	联系人	王振海
工程地址	建工路2号	联系电话	157××××××××
施工类别	☑安装 □调试 □维修 □改造		
施工日期	共3天，从____年___月___日到____年___月____日		
电梯型号	TKJ1000/1.6-JXW	台数	112
施工人员			
负责人			

续表

施工说明	我市某电梯公司接到一新建小区 112 台电梯的安装任务，该项目准备在 9 个月后开工，因该企业人员不足、工期紧、任务重，现需要我校对该项目进行安装支持。因我校学生刚入学，尚未掌握相关专业知识和安全技能，需对我校电梯工程技术专业学生进行上岗前培训，在培训合格后，选取优秀学生去企业协助完成轿厢照明及插座安装任务。 本次培训拟在我校电梯照明实训场地完成。安装过程需遵循《电梯制造与安装安全规范》[GB 7588—2003（2015）] 中“13.6 照明与插座”及《电梯安装验收规范》（GB/T 10060—2011）中“5.4.7 紧急照明”和“5.4.10 通风及照明”的要求，确保轿厢照明及插座工作正常，满足上述规范要求。 注：《电梯制造与安装安全规范　第 1 部分：乘客电梯和载货电梯》（GB/T 7588.1—2020）已于 2020 年 12 月 14 日发布，即将于 2022 年 7 月 1 日起开始实施。
电梯轿厢照明安装电路图	N L 风扇 S1 S2 轿厢灯 插座 S3 轿顶灯

二、认识电梯轿厢照明

依据电梯实际条件，通过查阅相关资料，学习电梯轿厢、照明、开关、插座等相关知识。

1．轿厢的定义及结构

（1）简述轿厢的定义及构成。

（2）指出右图中轿厢部件的名称。

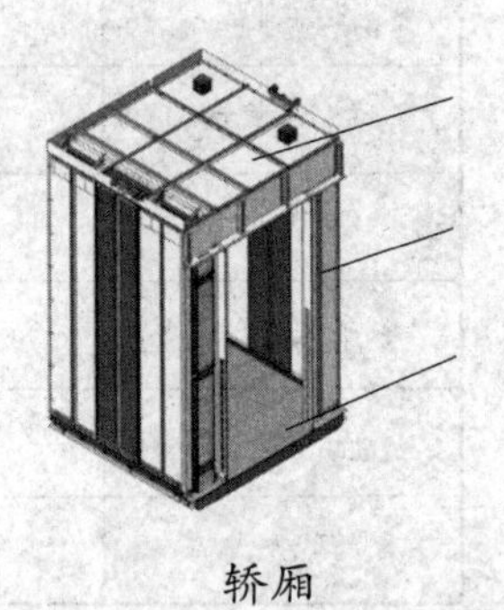

轿厢

（3）轿厢内部的主要装置有哪些？

2．照明

（1）写出下表中的灯具及其附件的名称。

灯具及其附件

图示	名称	图示	名称
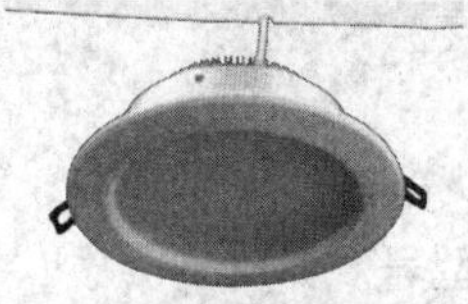		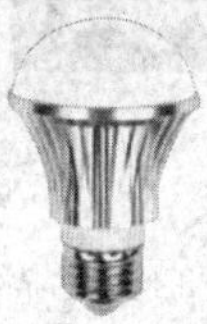	

		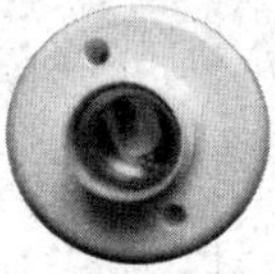	

（2）衡量灯具亮度的指标是照度。请查阅资料，简述照度的概念及照度单位的意义。

3．开关

开关（见下图）是指使电流中断或使其流到其他电路的电子元件。开关有一个或数个电子节点。节点的“闭合”表示电子节点导通，允许电流流过；开关的“开路”表示电子节点不导通，形成开路，不允许电流流过。

开关

查阅资料，在下表中填写照明电路常见开关的图形符号、名称和型号。

照明电路常见开关

序号	开关图示	图形符号	名称	型号
1				
2				
3				
4				

4．插座

插座（见下图）是指有一个或一个以上电路接线可插入的座，通过它可插入各种接线，便于与其他电路接通。

插座

（1）写出下表中各插座在电梯中的安装位置。

插座的安装位置

图示	安装位置	图示	安装位置

（2）依据电梯内照明电路要求，通过查阅相关资料，学习型号为 TKJ1000/1.6–JXW 的电梯的插座安装工艺要求及安全要求，简述电梯插座的安装规范。

（3）在网孔板上进行单相三孔插座线路的安装练习，注意接线的要求。安装完成后，必须在指导教师检查电路的完整性和正确性后，方可通电测试电路功能，并由指导教师给出评定。下图所示为插座接线训练。

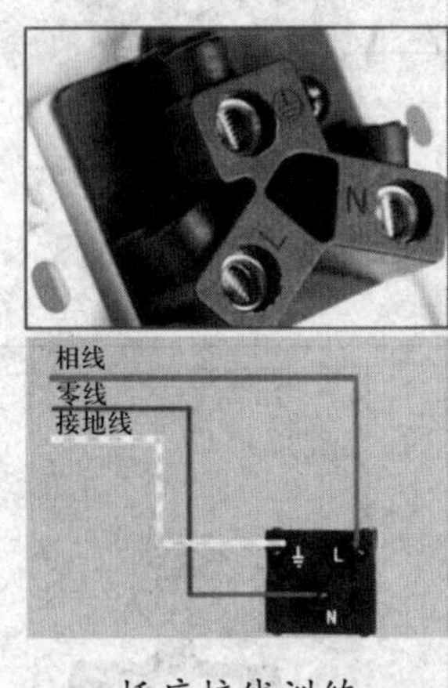

插座接线训练

5．接线端子、接线帽

下表为常见接线端子、接线帽。认识常见接线端子、接线帽。

接线端子、接线帽的认知

接线端子、接线帽图示	名称	接线端子、接线帽图示	名称
	欧式接线端子系列		插拔式接线端子系列
	栅栏式接线端子系列		弹簧式接线端子系列
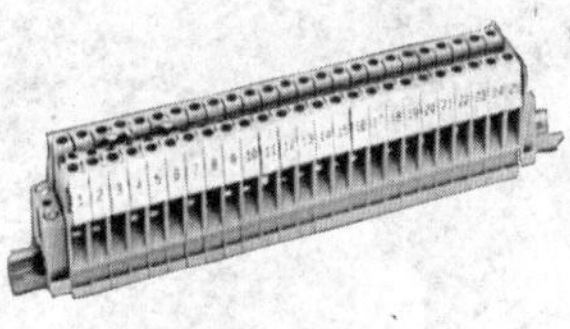	轨道式接线端子系列	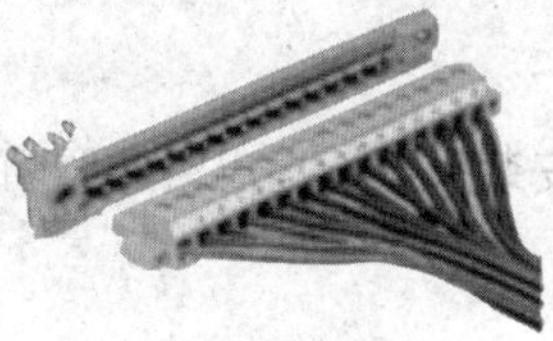	穿墙式接线端子系列
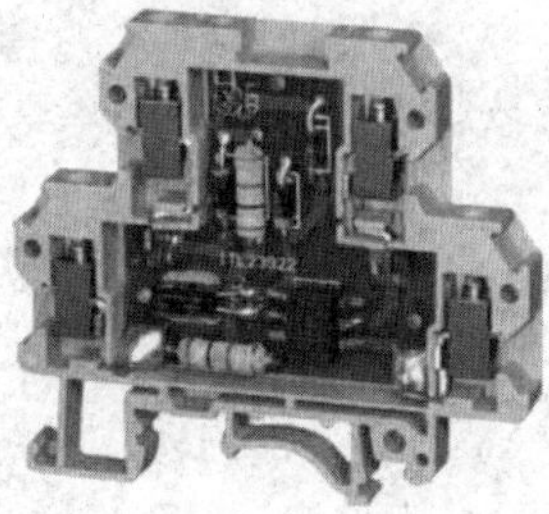	光电耦合型接线端子系列	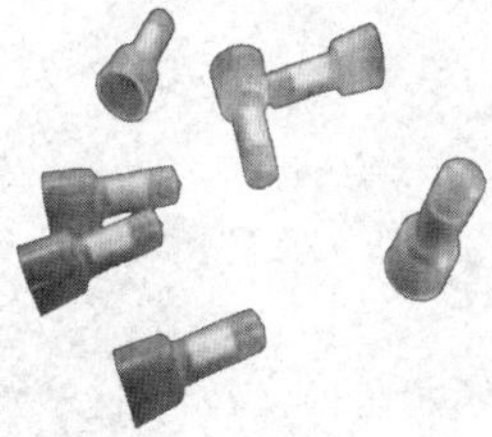	压接式安全接线帽

下图为电梯轿厢圆风扇和轴流风扇。

电梯轿厢圆风扇

轴流风扇

（1）简述轿厢风扇换气的目的。

（2）简述轿厢风扇的安装要求。

6．查阅资料，简述轿厢照明安装规范。

7．查阅电梯安装手册，指出轿厢照明及插座安装位置。

三、认识轿厢照明图样

1．照明线路的表示方法

照明线路的表示方法有系统图、原理图、平面图及接线图等。

（1）系统图

系统图是安装图样中必不可少的一部分，电气系统图即电气系统控制图，用来表明供电线路与各设备工作原理及其作用、相互间关系。系统图用于表达从进户线→总配电箱→干管→分配电箱→支管→用电设备的过程。

（2）原理图

原理图主要用于研究和分析电路工作原理，根据简单、清晰的原则，采用电气元件展开的形式绘制而成。它包括所有电气元件的导电部件和接线端点，但并不按电气元件的实际位置来画，也不反映电气元件的形状、大小和安装方式。在电气原理图中，所有元件都应采用国家标准中统一规定的图形符号和字母代号。

（3）平面图

平面图主要用来表示电源进户装置、照明配电箱、灯具、插座、开关等电气设备的数量、型号规格、安装位置、安装高度，表示照明线路的敷设位置、敷设方式。看图的第一步，就是分清各个回路，在平面图中找到回路的组成。在平面图内，管线不会随意分支，一般在接线盒中接线、分支。如开关、灯具等设备后边一定有一个接线盒，电线在这里边进行接线和分出线路。

（4）接线图

接线时重点就是把复杂的线型、线号分清楚，以方便接线。根据原理图可以接线，但是在线多的情况下很容易出错，而且对接线人员的要求很高。接线图不显示接线原理，方便施工，要求较低。

2．看图顺序及注意事项

一般来说，室内照明线路的看图顺序是：设计说明→系统图→平面图→原理图→接线图等，从设计说明了解工程概况、本图样所用的图形符号及该工程所需要的设备、材料型号、规格和数量等；然后再看系统图、平面图、原理图和接线图。看图时，平面图和系统图要结合起来看，通过电气平面图找位置，通过电气系统图找联系。安装接线图与原理图要结合起来看，用安装接线图找接线位置，用电气原理图分析工作原理。

看复杂的照明图样，最重要的要先看懂系统图，知道整个配电系统是如何配电的，并且看清楚所使用的是何种敷设方式以及使用的是何种管线，然后到平面图上再看具体布置和走向，竖向和水平的长度相加即为配管工程量，管内穿线需再加上配电箱内的预留长度，乘以系统图中设计的电线根数即为其最后工程量。

为了读懂照明平面图，读图的时候应注意以下要点：

（1）抓住步骤：识图时应按“进户线→电能表、配电箱→干线→分支线及各路用电设备”这个顺序来识读。

（2）要结合施工说明一起识读，可以先弄清整个电梯照明情况，再弄清轿厢、井道、机房的照明；也可以先识读总体的情况，再弄清楚每个局部的细节。

（3）弄清每条线路的根数、导线截面（截面积）、布线方式、灯具与开关的对应关系，风扇与开关的对应关系，插座引线的走向（从哪个接线盒引出）以及各种电气设备的安装位置和预埋件位置等。

3．电工常用标准图例

认识下表中的电工常用标准图例。

电工常用标准图例

序号	图例	名称	序号	图例	名称
1		动力或动力－照明配电箱	20		三极开关（暗装）
2		照明配电箱（屏蔽）	21		双控开关
3		球形灯	22		双控开关（暗装）
4		顶棚灯	23		单相插座
5		灯的一般符号	24		单相插座（暗装）
6		花灯	25		密闭（防水）插座
7		弯灯	26		防爆插座
8		荧光灯的一般符号	27		带保护节点插座
9		双管荧光灯	28		带接地插孔的单相插座（暗装）
10		三管荧光灯	29		开关（常开）
11	5	五管荧光灯	30		开关（常闭）
12		壁灯	31		手动开关
13		风扇	32		电铃
14		开关的一般符号	33		接地
15		单极开关	34		导线的一般规定
16		单极开关（暗装）	35		两根导线（无标准图例，本书部分图例采用）
17		双极开关	36	3	三根导线
18		双极开关（暗装）	37	n	n 根导线
19		三极开关			

4．根据下表中常见照明控制电路的平面图画出原理图，并予以说明。

常见的照明控制电路

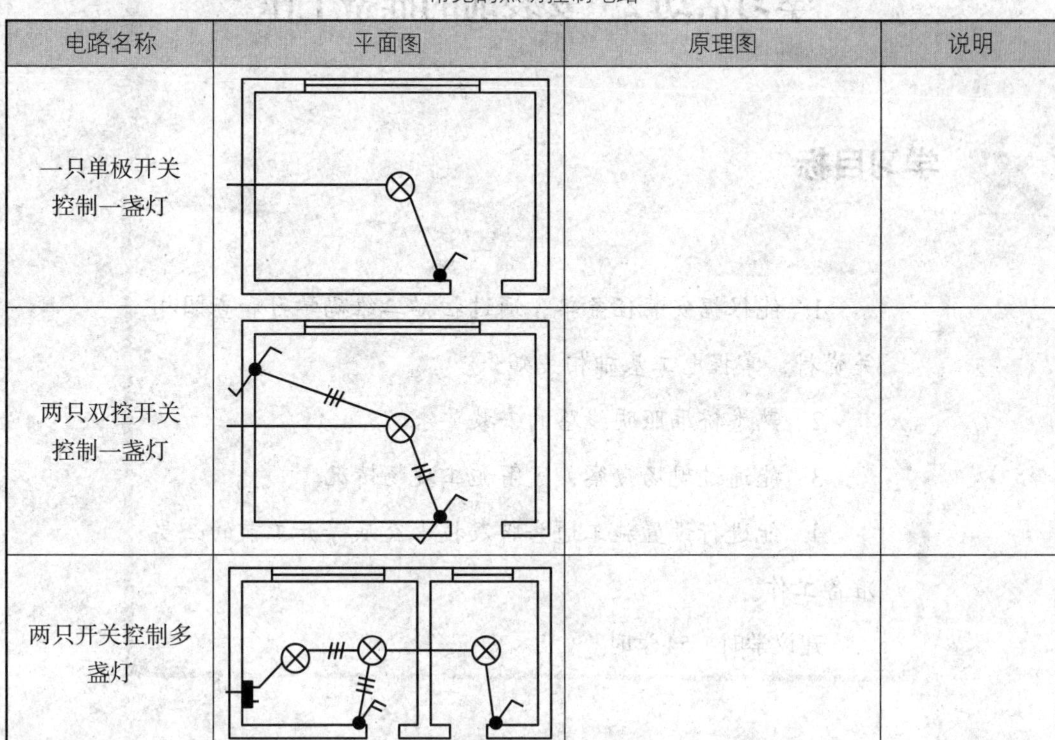

电路名称	平面图	原理图	说明
一只单极开关控制一盏灯			
两只双控开关控制一盏灯			
两只开关控制多盏灯			

5．下图所示为电梯轿厢照明安装电路图，请进行简要分析，说明轿厢照明元器件之间的相互关系。

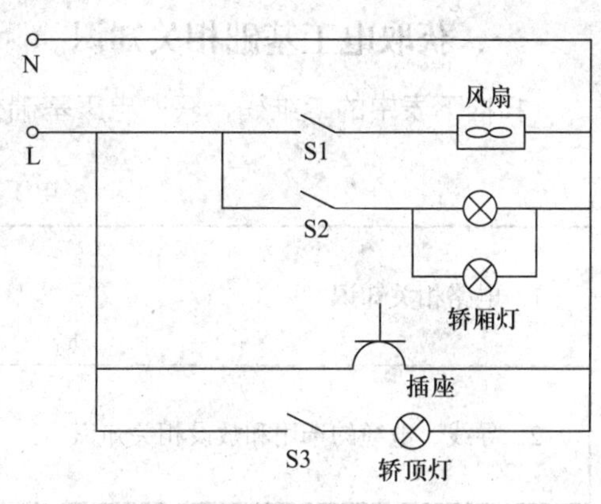

电梯轿厢照明安装电路图

学习活动 2　安装前的准备工作

学习目标

1. 能根据安装任务单，通过扫描二维码学习和查阅相关资料，掌握电工基础相关知识。

2. 熟悉轿厢照明线路的安装要求。

3. 能通过现场勘察，了解施工现场情况。

4. 能进行设置施工通告牌及技术交底等开工前的必要准备工作。

建议学时　54 学时

学习过程

一、获取电工基础相关知识

扫描下表中的二维码，获取电工基础相关知识。

电工基础相关知识

1. 电路相关知识	
2. 导线、电缆的选用和敷设相关知识	

二、了解轿厢照明安装有关问题

查阅相关国家标准及资料，回答下列问题。

1. 国家标准中对电梯轿厢照明安装位置有哪些要求？

2．电梯轿厢照明线路中都有哪些元器件?

3．识读轿厢照明线路平面图 *，分清各个回路，在平面图中找到回路的组成，明确轿厢照明元器件的安装位置。

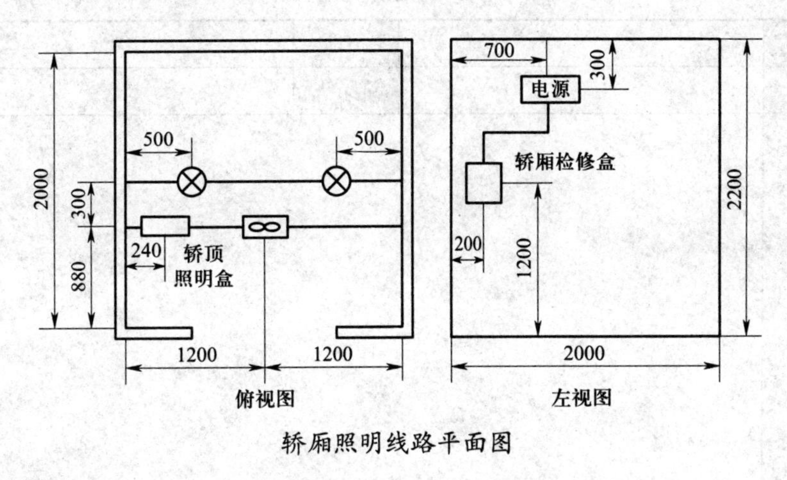

轿厢照明线路平面图

4．绘制轿厢照明线路接线图，明确各元器件之间的线路走向。

* 本工作页中的平面图为简单示意图，未按机械制图国家标准要求制作，特此说明。

三、现场勘察

1．简述勘察施工现场的主要内容和意义。

2．现场勘察施工条件，填写电梯施工现场勘察记录表。

施工现场勘察记录表

工程名称		工程地点		
勘察时间		记录人		
勘察内容				
指出轿厢照明及插座位置	轿内照明位置		□ 正确 □ 基本正确 □ 错误	
	轿顶照明位置		□ 正确 □ 基本正确 □ 错误	
	插座位置		□ 正确 □ 基本正确 □ 错误	
勘察结果确认	上述勘察项目属实			
	代表（签字）	代表（签字）	代表（签字）	代表（签字）
	年 月 日	年 月 日	年 月 日	年 月 日

四、设置施工通告牌及技术交底

1．设置施工通告牌

根据工地的基本信息、安全培训等内容，设计施工通告牌，样例如下图所示，张贴施工通告牌及相关安全标志。

施 工 通 告 牌	
工程名称	电 梯 安 装
安装单位	××××电梯有限公司
预计工期	年 月 日至 年 月 日
现场负责人	

施工通告牌样例

施工通告牌	
工程名称	
安装单位	
预计工期	年 月 日至 年 月 日
现场负责人	

2．技术交底

填写轿厢照明及插座安装技术交底记录单。

轿厢照明及插座安装技术交底记录单

学习任务	轿厢照明及插座安装	班组成员	
交底部位	轿厢	交底日期	
（1）质量标准及执行规程规范			

续表

<table>
<tr><td colspan="4">（2）安全操作事项</td></tr>
<tr><td colspan="4">（3）操作要点及技术措施</td></tr>
<tr><td colspan="4">（4）其他注意事项</td></tr>
<tr><td>主要参加人员</td><td>项目技术负责人</td><td>交底人</td><td>交底接收人</td></tr>
<tr><td></td><td></td><td></td><td></td></tr>
<tr><td colspan="4">年 月 日</td></tr>
</table>

学习活动 3　制订工作计划

学习目标

1. 能根据轿厢照明及插座安装任务单的要求和实际情况，在项目组长的指导下，明确轿厢照明及插座的安装流程。

2. 能根据轿厢照明及插座的安装流程，制订工作计划。

建议学时　18 学时

学习过程

一、明确轿厢照明及插座的安装流程

熟悉轿厢照明及插座的安装流程，填写轿厢照明及插座安装流程表。

轿厢照明及插座安装流程表

1. 安装流程

轿厢照明及插座的安装流程包括：安装后清理现场、勘察现场并设置施工通告牌、准备安装工具和材料、安装后自检、安装轿顶照明盒、安装轿厢照明、安装轿厢风扇、安装轿厢检修盒、接线、验收等，按正确的顺序填在下面的框中。

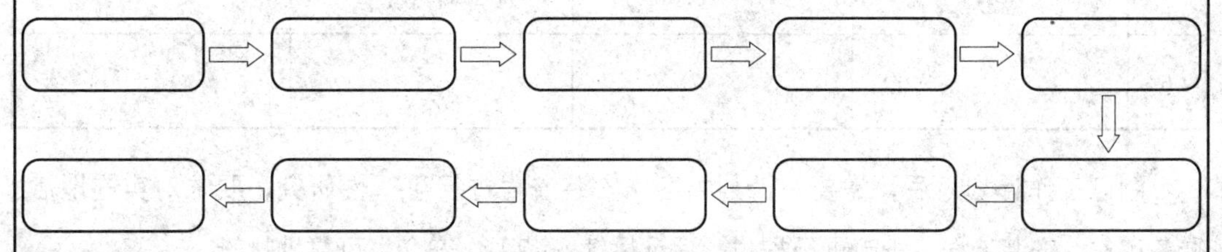

轿厢照明及插座的安装流程

续表

2. 安装注意事项

二、制订工作计划

根据轿厢照明及插座的安装流程，制订工作计划。

轿厢照明及插座安装工作计划表

1. 电梯型号				
2. 照明类型				
3. 所需的工具、设备、材料				
4. 人员分工				
序号	工作内容	负责人	计划完成时间	备注
1				
2				
3				
4				
5				
6				

制订工作计划之后，需要对计划内容、安装流程进行可行性研究，要求对实施地点、准备工作、安装流程等细节进行探讨，保证后续安装工作安全、可靠地执行。

学习活动 4　线路安装及验收

学习目标

1. 能正确使用电梯照明线路安装工具。

2. 能正确穿戴安全帽、安全带、工作服等安全防护用具，了解触电与急救相关知识。

3. 能按图样、工艺、安全规程要求，完成轿厢风扇、插座和照明电路的安装。

4. 能正确填写施工质量自检表，并交付验收。

5. 能拓展学习轿厢照明线路常见故障现象与处理方法，学习维修技能。

建议学时　18 学时

学习过程

一、领取电梯轿厢照明线路安装工具及材料

领取相关物料（包括工具、材料和仪器），就物料的名称、数量、单位和规格进行核对，填写物料领用表，为物料领取提供凭证。在教师指导下，了解相关工具和仪器的使用方法，检查工具和仪器是否能正常使用，准备轿厢照明线路安装所需的材料。

物料领用表

物料名称	数量	单位	规格	领用时间	领用人	归还时间	备注

续表

物料名称	数量	单位	规格	领用时间	领用人	归还时间	备注
注意事项	1．领用人应保管好所领取的工具及材料，若有遗失，需照价赔偿。 2．领用工具不得在实训以外场地使用，非允许不得外借他人使用。 3．易耗工具及材料在教师确认后以旧换新。 4．避免材料的浪费。						

二、学习使用电梯照明线路安装工具

1．电梯照明线路安装常用工具

在安装电梯轿厢照明线路时，会用到许多安装工具和测量工具，如验电笔、电工刀、旋具等，见下表。练习使用常用工具，掌握导线连接与绝缘恢复的方法。

电梯照明线路安装常用工具的认知

工具	选用规格	图示	说明
验电笔	500 V，45 mm		用于检查电压 500 V 以下导体或各种用电设备的外壳是否带电。使用前必须先在明确有电处试验，确保验电笔能正常使用。验电时，操作人员应注意操作稳定，不能将笔尖同时接触在被测的两根导线上，特别是检验靠得很近的接线桩头时，更应格外小心，以免误碰、误触导致短路而伤人
电工刀	中号		不用时，把刀片收缩到刀把内。用电工刀剖削导线绝缘层时，可把刀略微翘起一些，用刀刃的圆角抵住线芯。切忌将刀刃垂直对着导线切割绝缘层，这样容易割伤导线线芯
十字旋具	$2^{\#} \times 100$ mm		将旋具拥有特定形状的端头对准螺钉的顶部凹坑固定，然后开始旋转手柄。根据规格标准，沿顺时针方向旋转为嵌紧，沿逆时针方向旋转则为松动。注意：1. 使用时要注意型号匹配，以免损坏螺钉。2. 带电作业时，手不可触及旋具的金属杆，以免发生触电事故
一字旋具	6 mm × 100 mm		
活扳手	10 in		其开口宽度可在一定范围内调节，用来紧固和旋松不同规格的螺母和螺栓
线锤	6 m		悬吊时要将上端固定牢固，使线中间没有障碍。线下端（或线坠尖）的投测人，其视线要垂直结构面，当线左、线右投测小于 3 mm 时，取其平均位置，两次平均位置之差小于 2 mm 时，再取平均位置作为投测结果。投测中要防风吹和振动，尤其要注意避免侧向风吹
钢卷尺	5 m		卷尺能卷起来是因为卷尺里面装有弹簧，在拉出测量长度时，实际是拉长标尺及弹簧的长度，一旦测量完毕，卷尺里面的弹簧会自动收缩，标尺在弹簧力的作用下也会跟着收缩，使用时注意不要割到手

续表

工具	选用规格	图示	说明
直角尺	300 mm		使用前应先检查各工作面和边缘是否被碰伤。角尺长边的左、右面和短边的上、下面都是工作面。将角尺工作面和被检工作面擦净，使用时将角尺靠放在被测工件的工作面上，用光隙法鉴别工件的角度是否正确。注意轻拿、轻靠、轻放，防止弯曲变形。为求测量结果精确，可将角尺翻转 180° 再测量一次，取两次读数算术平均值作为其测量结果，可消除角尺本身的偏差
剥线钳	140 mm、160 mm、180 mm		适用于塑料和橡胶绝缘导线芯的外表皮剥除 使用方法如下：1. 根据导线的粗细，选择相应的剥线钳刀口。2. 将准备好的导线放在剥线钳的刀刃中间，选择好要剥线的长度。3. 握住剥线钳手柄，将导线夹住，缓慢用力使导线外表皮慢慢剥落。4. 松开剥线钳手柄，取出导线，这时导线的金属丝整齐地露出外面，其余绝缘塑料层完好无损
斜口钳	4 ~ 8 in		主要用于剪切导线、元器件多余的引线，还常用来代替一般剪刀剪切绝缘套管等

2. 导线的剖削

根据下表的操作步骤及示意图，学习导线的剖削技能。

导线的剖削

内容	操作步骤及示意图
塑料硬导线端头绝缘层的剖削	45° a) b) c) d) a）切入手法 b）电工刀以 45° 倾角斜切入 c）电工刀以 25° 倾角推削 d）翻下塑料绝缘层

续表

内容		操作步骤及示意图
塑料护套线绝缘层的剖削		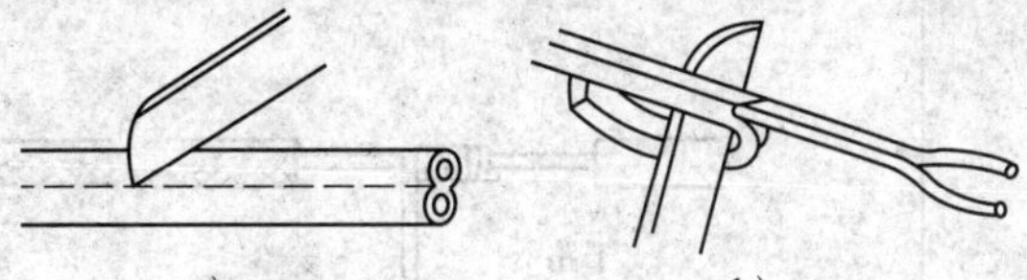 a)　b) a）划开护套层　b）翻起并切去护套层
橡皮线绝缘层的剖削		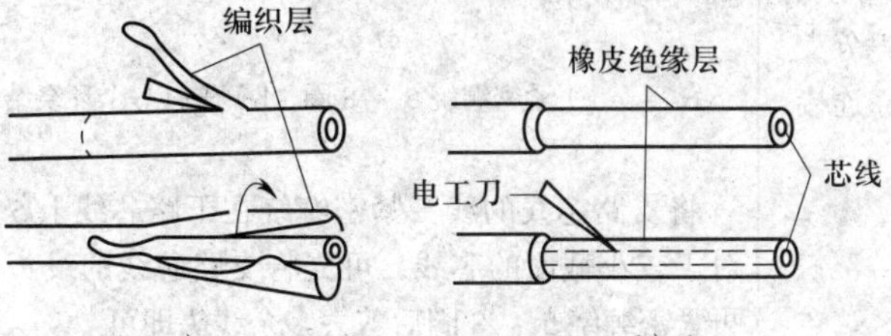 编织层　橡皮绝缘层　电工刀　芯线 a)　b) a）划开编织层　b）剖削橡皮绝缘层
花线绝缘层的剖削		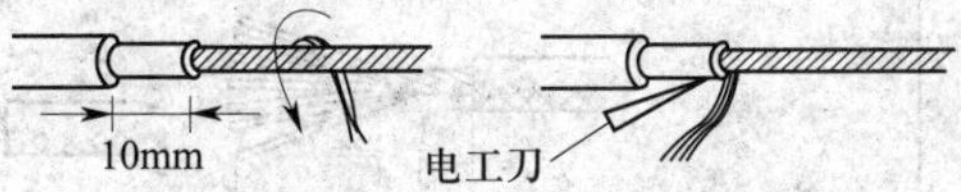 10mm　电工刀 a)　b) a）将棉纱层散开　b）割断棉纱层
铅包线绝缘层的剖削		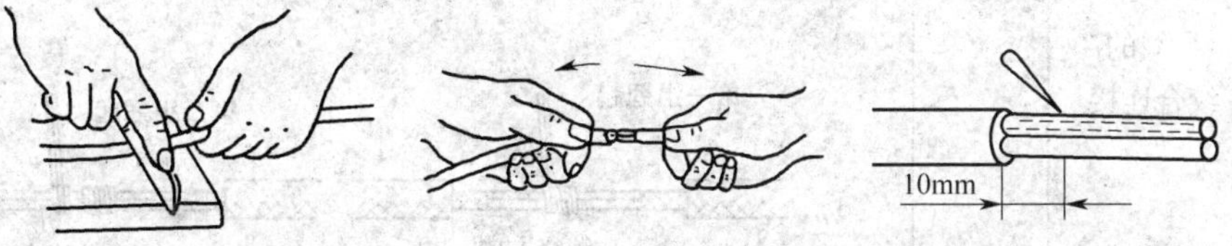 10mm a）　b）　c） a）按所需长度剖削　b）折断并拉出铅包层　c）剖削内部绝缘层
导线的绞合连接	单股铜导线的直接连接	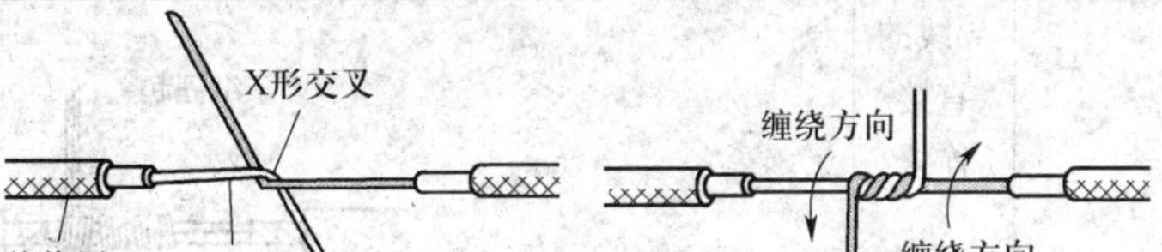 X形交叉　绝缘层　芯线　缠绕方向　缠绕方向　缠紧 a)　b) 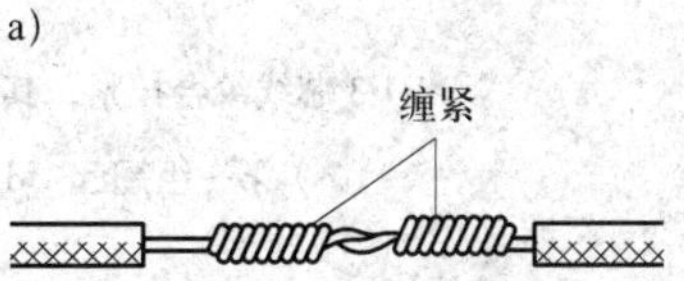　c) a）进行 X 形交叉　b）相互缠绕 2 ~ 3 圈　c）密绕 5 ~ 9 圈 先将两导线的芯线线头进行 X 形交叉，再将它们相互缠绕 2 ~ 3 圈后扳直两线头，然后将每个线头在另一芯线上紧贴密绕 5 ~ 9 圈后剪去多余线头

续表

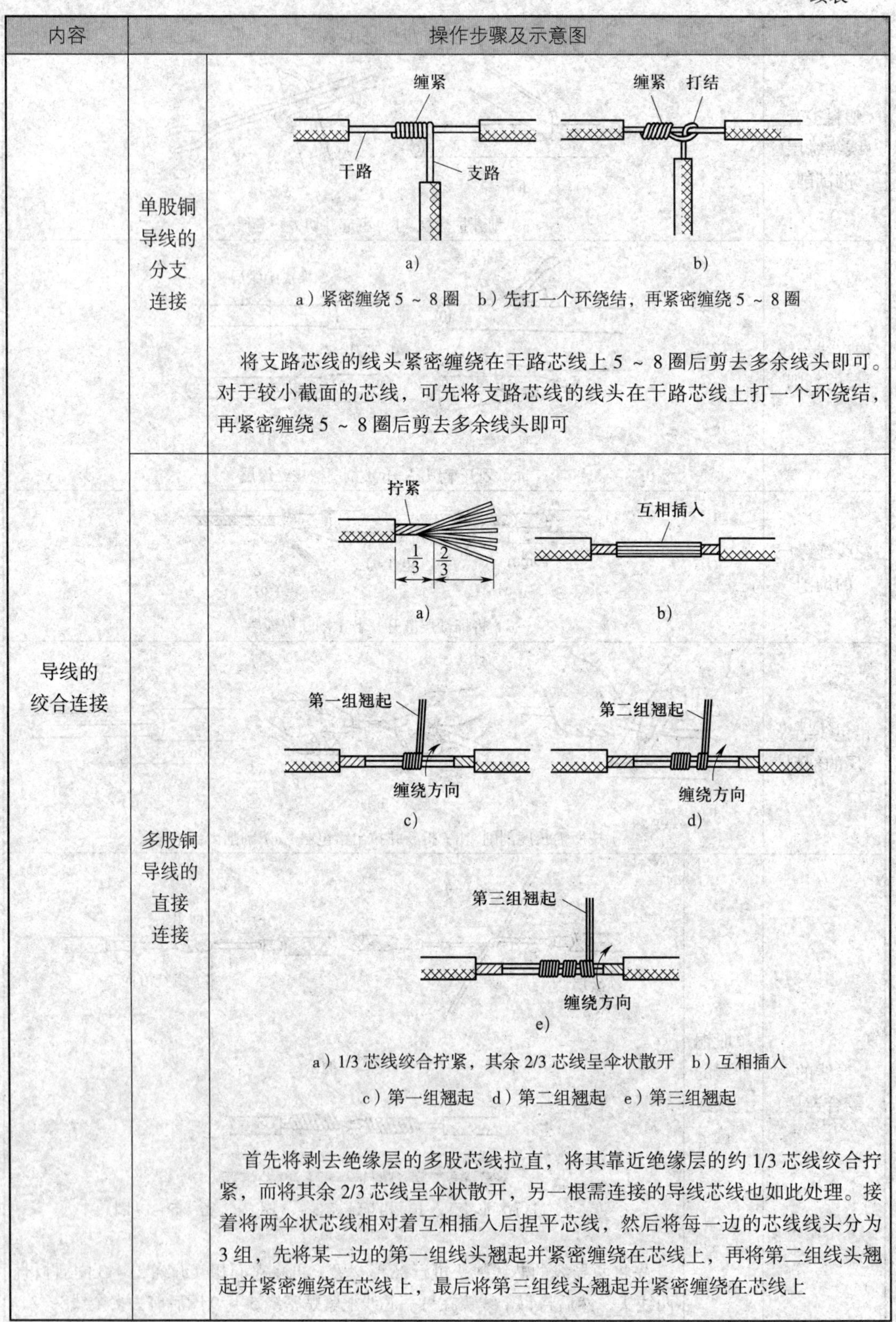

内容	操作步骤及示意图	
导线的绞合连接	单股铜导线的分支连接	a) b) a）紧密缠绕 5 ～ 8 圈　b）先打一个环绕结，再紧密缠绕 5 ～ 8 圈 将支路芯线的线头紧密缠绕在干路芯线上 5 ～ 8 圈后剪去多余线头即可。对于较小截面的芯线，可先将支路芯线的线头在干路芯线上打一个环绕结，再紧密缠绕 5 ～ 8 圈后剪去多余线头即可
	多股铜导线的直接连接	a) b) c) d) e) a）1/3 芯线绞合拧紧，其余 2/3 芯线呈伞状散开　b）互相插入 c）第一组翘起　d）第二组翘起　e）第三组翘起 首先将剥去绝缘层的多股芯线拉直，将其靠近绝缘层的约 1/3 芯线绞合拧紧，而将其余 2/3 芯线呈伞状散开，另一根需连接的导线芯线也如此处理。接着将两伞状芯线相对着互相插入后捏平芯线，然后将每一边的芯线线头分为 3 组，先将某一边的第一组线头翘起并紧密缠绕在芯线上，再将第二组线头翘起并紧密缠绕在芯线上，最后将第三组线头翘起并紧密缠绕在芯线上

续表

内容	操作步骤及示意图
导线连接处绝缘层的恢复处理	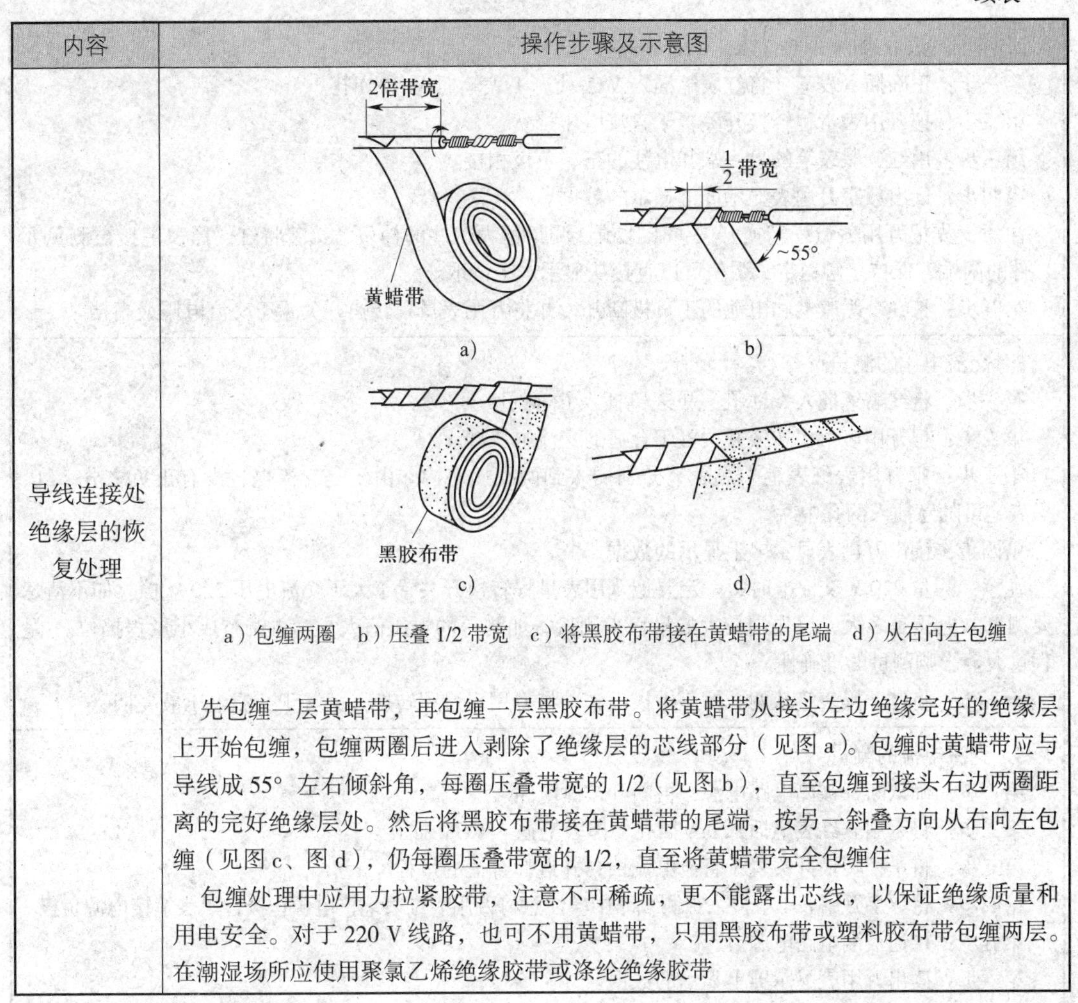 a）包缠两圈　b）压叠 1/2 带宽　c）将黑胶布带接在黄蜡带的尾端　d）从右向左包缠 先包缠一层黄蜡带，再包缠一层黑胶布带。将黄蜡带从接头左边绝缘完好的绝缘层上开始包缠，包缠两圈后进入剥除了绝缘层的芯线部分（见图 a）。包缠时黄蜡带应与导线成 55° 左右倾斜角，每圈压叠带宽的 1/2（见图 b），直至包缠到接头右边两圈距离的完好绝缘层处。然后将黑胶布带接在黄蜡带的尾端，按另一斜叠方向从右向左包缠（见图 c、图 d），仍每圈压叠带宽的 1/2，直至将黄蜡带完全包缠住 包缠处理中应用力拉紧胶带，注意不可稀疏，更不能露出芯线，以保证绝缘质量和用电安全。对于 220 V 线路，也可不用黄蜡带，只用黑胶布带或塑料胶布带包缠两层。在潮湿场所应使用聚氯乙烯绝缘胶带或涤纶绝缘胶带

3．认知数字万用表

了解下表中数字万用表相关知识，学习使用数字万用表。

数字万用表认知表

1．定义 数字万用表是一种多用途的电子测量仪器，在电子线路等实际操作中有着重要的用途。它不仅可以测量电阻，还可以测量电流、电压、电容、二极管、三极管等电子元器件和电路。	

续表

2．直流电压的测量 第一步：正确插入表笔，将红表笔插入 VΩ 孔，黑表笔插入 COM 孔。 第二步：把万用表量程转换开关置于直流电压挡。 第三步：用红、黑表笔的另一端和电池的正、负极相接。 第四步：读出数字万用表显示屏上显示的数据。 注意：先把万用表量程转换开关置于比预计测量值大一些的挡位，接着将红、黑表笔接被测量元器件的两端；保持接触稳定，数值可以直接从显示屏上读取。 第五步：将红、黑表笔和电池的正负极断开，并将万用表量程转换开关置于交流电压最高挡。
3．交流电压的测量 第一步：将红表笔插入 VΩ 孔，黑表笔插入 COM 孔。 第二步：把万用表量程转换开关置于合适的交流电压挡。 第三步：把万用表红表笔、黑表笔分别插入到两孔插座内。由于是交流电，没有正负之分，红、黑表笔可随意插入两孔中。 第四步：读出万用表显示屏上显示的数据。 注意：测量 220 V 交流电时，一定要把万用表量程转换开关置于大于交流电压 220 V 挡。如不清楚要测量的电压是多大，可先用较大的量程来测量，如测得的电压值太小，再调整成小量程挡位。量程过大会影响测量的准确性。 第五步：将红、黑表笔从两孔插座中拔出，并将万用表量程转换开关置于交流电压最高挡。
4．直流电流的测量 第一步：确认断开被测电路电源，再断开被测电路。 第二步：将万用表红表笔插入 mA 插孔，黑表笔插入 COM 插孔。 第三步：将量程转换开关置于直流电流挡，并选择合适的量程。 第四步：将数字万用表串联接入被测线路中。注意将万用表红表笔接电源正极，黑表笔接电源负极。 第五步：接通被测电路电源。 第六步：读出万用表显示屏上显示的数据。 注意：估计被测电路中电流的大小。若测量的是大于 200 mA 的电流，要将红表笔插入 20 A 电流挡插孔，并将量程转换开关置于直流 20 A 挡；若测量的是小于 200 mA 的电流，则将红表笔插入 200 mA 电流挡插孔，将量程转换开关置于直流 200 mA 以内的合适量程。 第七步：断开被测电路电源，使红、黑表笔脱离被测电路，并将万用表量程转换开关置于交流电压最高挡。 第八步：恢复被测电路的接线。

4．认知兆欧表

兆欧表也称绝缘电阻表，是电工常用的一种测量仪表，主要用来检查电气设备、家用电器或电气线路对地及相间的绝缘电阻，以保证这些设备、电器和线路工作在正常状态，避免发生触电伤亡及设备损坏等事故。

认识兆欧表的结构和工作原理，学会正确使用兆欧表测量绝缘电阻，完成下表内各项内容的填写。

兆欧表的认知

1．认识兆欧表的结构，完成下面的填空。

<table>
<tr><td rowspan="7">A
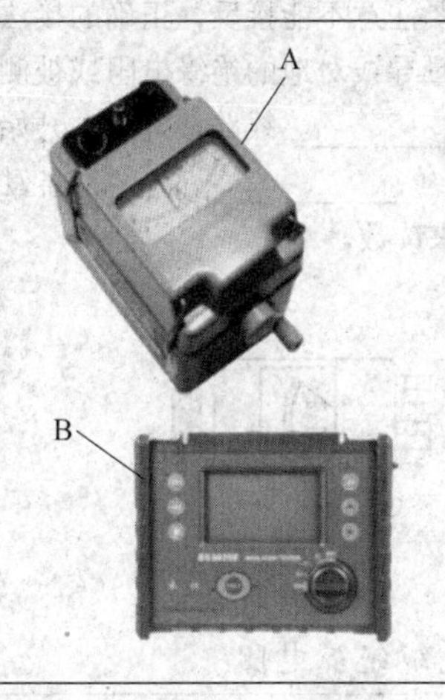
B</td><td>用途</td><td></td></tr>
<tr><td>计量单位</td><td></td></tr>
<tr><td>接线柱名称</td><td>三个接线柱 L:________、E:__________、G:__________</td></tr>
<tr><td>输出电压等级</td><td></td></tr>
<tr><td>特点</td><td>输出功率______，带载能力______，抗干扰能力______</td></tr>
<tr><td>分类</td><td>A:____________
B:____________</td></tr>
</table>

2．如何正确选用兆欧表？

3．使用前应如何检查兆欧表是否完好？

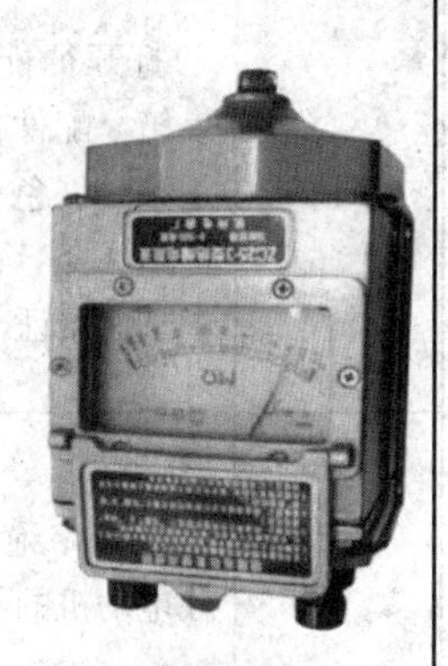

兆欧表

4．兆欧表的使用注意事项

（1）禁止在雷电天气或高压设备附近测绝缘电阻，只能在设备不带电也没有感应电的情况下测量。

（2）在测量过程中，被测设备上不能有人工作。

（3）兆欧表的接线不能绞在一起，要分开放置。

（4）兆欧表未停止转动之前或被测设备未放电之前，严禁用手触及设备的测量部分或兆欧表接线柱。拆线时，也不要触及引线的金属裸露部分。

（5）测量结束时，大电容设备要放电，以保证人身安全和测量准确。

（6）要定期校验兆欧表的准确度。

续表

5．简述兆欧表的使用方法 测量绝缘电阻时，一般只用兆欧表“L”和“E”两个接线端，一定要注意不能接反，正确的接法是：“L”接线端接__________，“E”接线端接__________。但在测量导线对地的绝缘电阻或被测设备的漏电流较大时，就要使用“G”接线端，并将“G”接线端接__________。线路接好后，开始________摇动兆欧表手柄，摇动手柄的转速需保持基本恒定（约__________r/min），摇动__________后读数，并且要边__________边__________，不能停下来读数。 下图分别为测量照明线路绝缘电阻、测量电缆绝缘电阻。 E L G MΩ 钢管 导线 测量照明线路绝缘电阻 E L G MΩ 测量电缆绝缘电阻

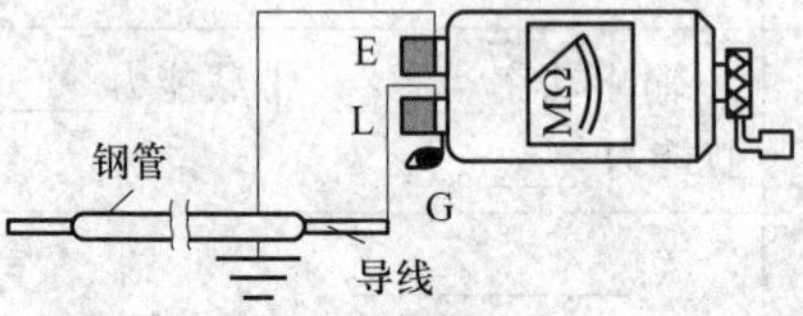

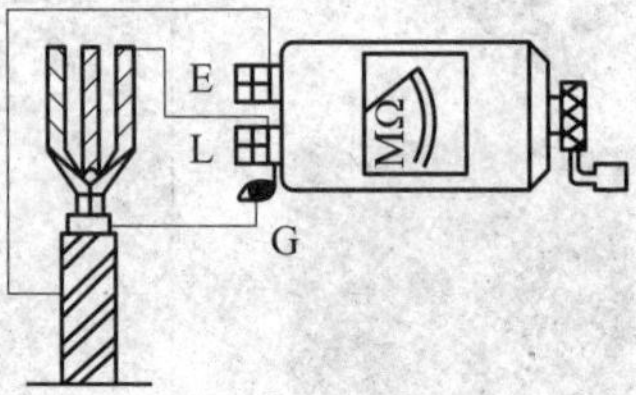

6．动手测一测

下表通过介绍使用征能 ES3025E 数字绝缘电阻表测量电动机绝缘电阻的方法，来学习数字式兆欧表的使用方法及操作步骤。

数字式兆欧表的使用方法及操作步骤

序号	操作步骤	图示说明
1	打开征能 ES3025E 数字绝缘电阻表仪表箱，配件包括仪表 1 台；高压棒测试线 1 条，红色；高压测试线 2 条（黑色、绿色各 1 条）；1.5 V 碱性电池 6 节；说明书、保用证 1 套；仪表箱 1 个	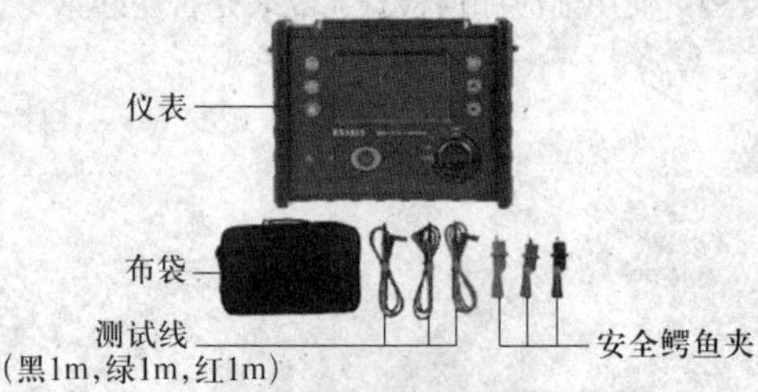 仪表 布袋 测试线（黑1m，绿1m，红1m） 安全鳄鱼夹
2	用数字绝缘电阻表的黑色高压测试线钳住电动机的外壳	
3	用数字绝缘电阻表的红色高压棒接触电动机电压输入端	
4	将数字绝缘电阻表黑色高压测试线、红色高压棒的接线按对应的颜色插入数字绝缘电阻表相应插孔中	

续表

序号	操作步骤	图示说明
5	将数字绝缘电阻表量程转换开关置于欧姆挡，默认电压是 250 V	
6	按数字绝缘电阻表黄色 VSEL 键选择 500 V 电压挡	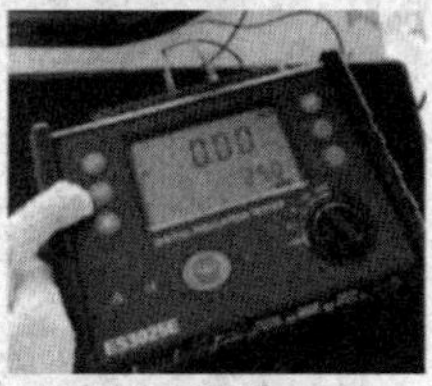
7	按下红色 TEST 键开始测量	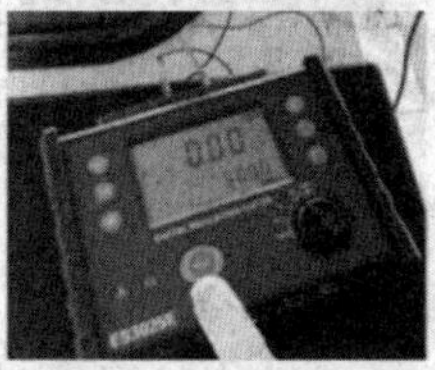
8	数字绝缘电阻表的电源指示灯一直在亮，说明处于检测中，需稍等片刻	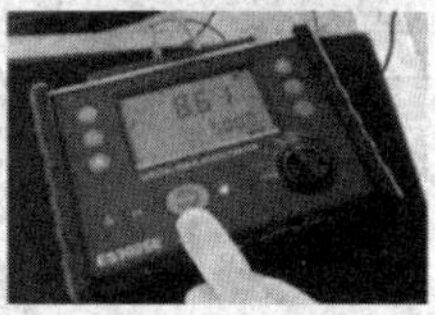
9	待数字绝缘电阻表电源指示灯不亮，表示测量完成	
10	将数字绝缘电阻表的量程转换开关置于 OFF 挡，结束测量	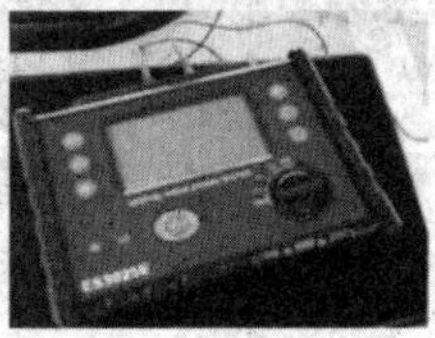

三、了解触电与急救相关知识

1．正确穿戴安全防护用品

个人安全防护用品既不能降低工作场所中有害物质的浓度，也不能消除作业场所存在的有害物质，但它是最后一道保护人员安全而不受伤害的屏障。个人安全防护用品作为一种辅助性预防措施，正确使用能防止或减少工伤事故的发生、预防职业病等。

（1）查阅资料，简述个人安全防护用品的定义及作用。

（2）阐述对个人安全防护用品的基本要求。

（3）认识常见的个人安全防护用品，并将下表填写完整。

常见的个人安全防护用品

名称	图示	作用及穿戴要点
防护眼镜和面罩		
安全帽		
防护鞋		
防护服（工作服）		

2．学习触电与急救知识

（1）什么是安全电压？我国规定的安全电压额定值的等级有哪些？

（2）人体触电的基本方式有哪几种？

（3）触电急救的原则是什么？

（4）低压触电事故中使触电者脱离电源的方法有哪些？

（5）高压触电事故中使触电者脱离电源的方法有哪些？

（6）将心肺复苏人工急救方法补充完整并实施操作。

第一步：确保触电者口中无 __________。

具体方法如下：将触电者身体和头部同时侧转，抢救者迅速将右手食指从触电者口角处插入，取出异物。

注意事项：防止将异物推到触电者咽喉深处。

第二步：利用仰头抬颏法或托颏法通畅气道。

方法如下：

1）抢救者将左手放在触电者的前额。

2）抢救者用右手的手指将触电者下颌骨向上抬起。

3）抢救者两手协同将触电者头部推向后仰。

此时触电者舌根随之抬起，气道即可畅通。

第三步：触电者呼吸和心跳是否停止的正确判定。

一“看”：看触电者胸部、腹部有无起伏动作。

二“听”：用耳朵贴近触电者的口鼻，听有无__________声音。

三“试”：用薄纸片测试触电者有无呼气的气流。用颈动脉的触摸方法判定__________有无搏动。

颈动脉的触摸方法如下：将右手的__________并拢，轻试触电者喉结旁凹陷处（左或者右）的颈动脉有无搏动。

总结触电者是否具有呼吸和心跳的情况：有呼吸、有心跳；无呼吸，有心跳；有呼吸，无心跳；无呼吸，无心跳。

第四步：实行口对口人工呼吸法。

下图所示为口对口人工呼吸法。

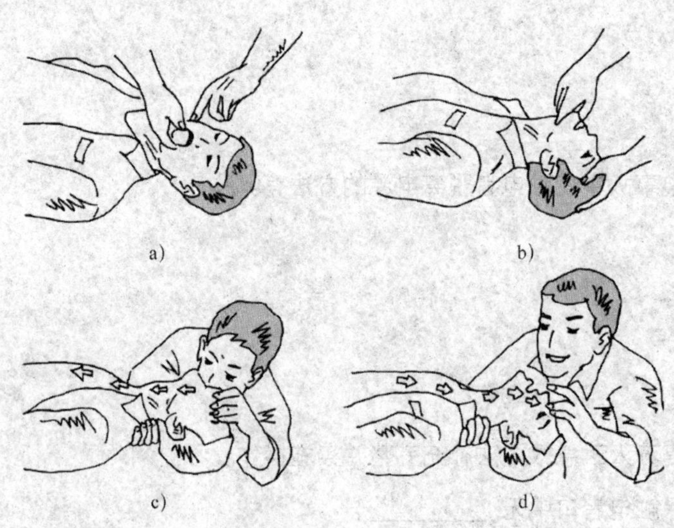

口对口人工呼吸法

a）清理口腔阻塞　b）鼻孔朝天头后仰

c）贴嘴吹胸扩张　d）放开嘴鼻好换气

救治过程中的注意事项如下：

1）触电者取________位，即胸腹朝天，颈后部（不是头后部）垫一软枕，使触电者头部尽量后仰。

2）开始时吹气要求：快速连续而大口地吹气________次（每次约 2 s）。

经 4 次吹气后需重新判定：5 ~ 6 s 后再次用“看”“听”“试”的方法重新判定触电者的症状情况。救治过程中每隔数秒需要再次判定。

3）正常的口对口吹气量要求：开始快速连续而大口地吹气 4 次（每次 1 ~ 1.5 s），此后每次吹气量均不需过大（但应达到________mL），以免引起触电者胃膨胀。一般以吹进气后触电者的胸廓稍微隆起最为合适。每次吹气后抢救者都要迅速掉头朝向触电者胸部，以吸入新鲜空气。

4）施行速度要求：对成人约______次 /min；对儿童、老人则______次 /min。

5）吹气中遇有较大阻力时，应检查触电者气道畅通情况，及时纠正姿势。

第五步：实行胸外心脏按压法（见下图）。

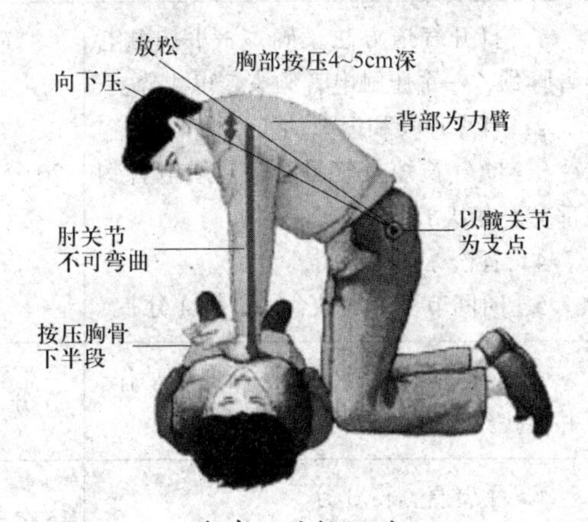

胸外心脏按压法

1）用右手食指和中指沿触电者右侧肋弓下缘向上，找到触电者肋骨和胸骨结合处的中点。

2）抢救者将两手指并齐，中指放在触电者肋骨和胸骨结合处中点（剑突底部），食指尖放在胸骨下部。

3）以中指为圆心顺时针旋转 90°，左手掌根与右手食指相切放置，此时左手掌根位置即为按压的正确位置。正确的按压姿势（按压深度）为：____cm（儿童和瘦弱者斟减）。正确的按压频率为：____次 /min。

心肺复苏胸外按压与人工呼吸的比例为 30∶2，即进行 30 次胸外按压后，开放触电者气道并进行 2 次人工呼吸，以上即为一组心肺复苏操作。

下表为触电急救操作考核评分表。

触电急救操作考核评分表

班级：________ 姓名：________ 成绩：________

触电急救考核项目	评价标准	配分	互评	师评	总分
使触电者脱离电源	1. 抢救工具使用正确，得5分 2. 有自身保护意识，得5分	10分			
摆好触电者体位，调整好触电者的呼吸	1. 呼唤触电者，得5分 2. 有摆好手脚等动作，得5分	10分			
检查触电者有无呼吸和心跳	1. 用手指或耳朵检查触电者有无呼吸，得5分 2. 把脉位置正确，得5分	10分			
检查触电者口中有无异物，并松开触电者的紧身衣物，保持正确站位	1. 检查触电者口中有无异物，得3分 2. 松开触电者紧身衣物，得2分 3. 站位正确，得5分	10分			
吹气抢救过程	1. 打开气道方法正确，一手扶触电者脖颈，一手压触电者额头，得4分 2. 有深呼吸和捏鼻动作，得4分 3. 吹气长短及气量合适（触电者胸部应有起伏），得4分 4. 有松鼻动作，得4分 5. 时间节奏、次数合适，得4分	20分			
找挤压点	第一次挤压要做出找挤压点的动作，并能找到正确挤压点，得5分	5分			
姿势正确	1. 手臂直，得3分 2. 用掌根，得2分	5分			
按压动作正确	1. 力的大小合适（以显示为准），得5分 2. 挤压的方向垂直，得5分 3. 稍带冲击力挤压，然后迅速松开，得5分 4. 按压频率为每秒1次，得5分	20分			
协调性	整个抢救过程连贯、动作协调，快慢合适，得10分	10分			
合计		100分			

四、了解轿厢照明线路施工有关工序要求

1．简述弹线定位的概念及作用。

2．简述在照明工程施工工艺验收标准中弹线定位需要确定的内容。

3．简述施工现场质量检查的方法，明确施工质量自检的要求。

4．通电试运行前的检查项目

（1）查阅各回路绝缘电阻，逐一测试各回路绝缘电阻是否符合要求。

（2）复查总电源开关至各照明回路开关接线是否正确，各回路标志是否正确一致。

（3）检查漏电保护器接线是否正确，严格区分工作零线（N）与专用保护接地线（PE），专用保护接地线（PE）严禁接入漏电开关。

（4）检查开关箱内各接线端子连接是否正确，是否牢固可靠。

（5）断开所有开关，合上总进线开关，检查漏电测试按钮是否灵敏可靠，并用漏电开关测试仪检测，动作电流应≤ 30 mA，在 0.1 s 内漏电保护开关能有效地跳闸，并做好检测记录。

5．分回路试通电的方法

（1）将各回路灯具等用电设备全部置于断开位置。

（2）将各分回路电源开关逐一合上，应合一路试一路，以保证标志和顺序一致。

（3）逐个合上灯具、风扇的开关，检查灯具的开关控制顺序是否对应，风扇的转向及调速开关是否正常。

（4）用插座检验器检查各插座相序连接是否正确，漏电时是否跳闸，带开关的插座是否控制相线。

（5）将插座加入设计负荷，可自制电阻箱或用大电流发生器，也可加入其他元器件，以满足设计负荷量，并进行通电试验。

（6）若通电试验时发现问题，应先断开回路电源，经确认无电后，可进行修复或整改。

6．简述轿厢照明及插座验收的要求。

五、安装轿厢照明电路

按照轿厢照明平面图完成接线，应注意接线的要求。安装完成后，由指导教师检查电路的完整性和正确性后，方可通电测试电路功能。并将轿厢照明电路安装过程记录在下表中。

轿厢照明电路安装过程记录表

序号	项目	操作简图	项目内容	完成情况
1	识读轿厢照明安装电路图	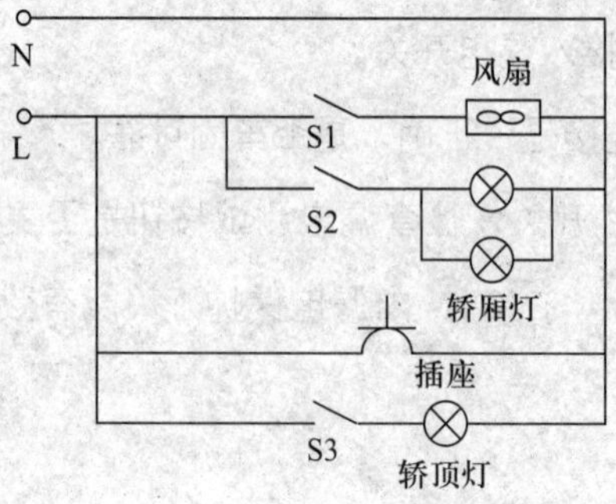 N L S1 风扇 S2 轿厢灯 插座 S3 轿顶灯	（1）认识图中的字母代号和图形符号的意义 （2）根据图形符号和字母代号选择对应元器件 （3）找出元器件接线柱的位置在图中的点位	（1）□完成 □未完成 （2）□完成 □未完成 （3）□完成 □未完成

续表

序号	项目	操作简图	项目内容	完成情况
2	检查物料		（1）检查安装工具是否安全可靠 （2）检查元器件、材料是否符合要求	（1）□完成 □未完成 （2）□完成 □未完成
3	勘察施工现场，设置安全护栏和警示牌		（1）设置施工通告牌 （2）勘察现场是否符合施工要求，并在轿厢所在楼层的层门处设置安全护栏和警示牌	（1）□完成 □未完成 （2）□完成 □未完成
4	按平面图确定元器件现场安装位置	2000 500 500 300 880 240 轿顶照明盒 1200 1200 俯视图 700 300 电源 轿厢检修盒 200 1200 2200 2000 左视图	（1）用卷尺测得距轿厢外沿左侧 500 mm、下侧 1 180 mm 一点，以该点为中心画左侧轿厢照明灯中心线（中心线为一“十”字形，两线段相互垂直，交叉于被测点） （2）用卷尺测得距轿厢外沿右侧 500 mm、下侧 1 180 mm 一点，以该点为中心画右侧轿厢照明灯中心线	（1）□完成 □未完成 （2）□完成 □未完成

续表

序号	项目	操作简图	项目内容	完成情况
4	按平面图确定元器件现场安装位置		（3）用卷尺测得距轿厢外沿左侧240 mm、下侧880 mm一点，以该点为中心画轿顶照明盒中心线 （4）用卷尺测得距轿厢外沿左侧1 200 mm、下侧880 mm一点，以该点为中心画轿厢风扇中心线 （5）用卷尺测得距轿厢地面1 200 mm，轿门右边柜200 mm一点，以该点为中心画轿厢检修箱中心线 （6）检查以上中心点位置偏差不大于2 mm	（3）□完成 □未完成 （4）□完成 □未完成 （5）□完成 □未完成 （6）□完成 □未完成
5	安装轿厢内灯具		（1）检查对应轿厢内灯具是否完好 （2）分别以左右轿厢照明灯中心点为基准，画出灯具轮廓线（轮廓线是指元器件底部轮廓线） （3）以上轮廓线位置偏差不大于5 mm （4）若为嵌入式灯具，按轮廓线开孔，开孔尺寸偏差不大于2 mm （5）以轮廓线为基准固定灯具	（1）□完成 □未完成 （2）□完成 □未完成 （3）□完成 □未完成 （4）□完成 □未完成 （5）□完成 □未完成

续表

序号	项目	操作简图	项目内容	完成情况
6	安装风扇		（1）检查轿厢风扇是否完好 （2）以轿厢风扇中心点为基准，画出轿厢风扇轮廓线（轮廓线位置偏差不大于5 mm） （3）按风扇出口尺寸、形状开孔 （4）以轮廓线为基准，将轿厢风扇固定在轿厢吊顶上	（1）□完成 □未完成 （2）□完成 □未完成 （3）□完成 □未完成 （4）□完成 □未完成
7	安装轿厢检修箱		（1）检查轿厢检修箱 （2）以轿厢检修箱中心点为基准，画出轿厢检修箱轮廓（轮廓线位置偏差不大于5 mm） （3）以轮廓线为基准，将轿厢检修箱用螺栓固定在轿壁上	（1）□完成 □未完成 （2）□完成 □未完成 （3）□完成 □未完成
8	安装轿顶照明盒		（1）检查对应轿顶照明盒 （2）以轿顶照明盒中心点为基准，画出轿顶照明盒轮廓线（轮廓线位置偏差不大于5 mm） （3）以轮廓线为基准，将轿顶照明盒用螺栓固定在轿顶横梁上	（1）□完成 □未完成 （2）□完成 □未完成 （3）□完成 □未完成

续表

序号	项目	操作简图	项目内容	完成情况
9	就位线缆		（1）检查线缆 （2）由需连接元器件两端位置确定电缆长度，两端各留出200 mm余量用于接线 （3）用绑扎带将线缆固定在构件上 （4）做好线头保护，进行线缆绝缘测试	（1）□完成 □未完成 （2）□完成 □未完成 （3）□完成 □未完成 （4）□完成 □未完成
10	按接线图接线	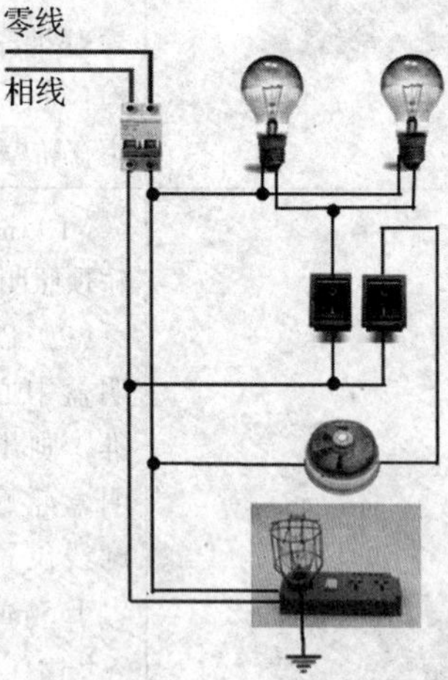	（1）按照接线图将线缆连接至各接线柱，轿厢检修盒电源引自轿厢检修箱 （2）检查接线（相线接入开关、插座接线遵循“左零右相上接地”、螺口灯座螺纹处连零线） （3）导线连接处（接线柱除外）用绝缘胶带恢复绝缘	（1）□完成 □未完成 （2）□完成 □未完成 （3）□完成 □未完成

续表

序号	项目	操作简图	项目内容	完成情况
11	施工后自检		（1）查看施工任务单，检查各项任务是否完成 （2）检查各项任务是否按规范要求完成，依据技术交底记录，检查施工质量，将自检情况填写在施工质量自检表中 （3）取下灯泡，进行通电前绝缘测试 （4）符合通电试运行条件，进行分回路试通电，将通电情况填写在施工质量自检表中	（1）□完成 □未完成 （2）□完成 □未完成 （3）□完成 □未完成 （4）□完成 □未完成
12	清理施工场地，清点工具		（1）清理施工作业现场 （2）清点回收所用工具 （3）对使用完毕的工具进行适当的清洁和整理，检查工具的完好性，如有损坏及时填写工具设备、设施报修单并将工具归还	（1）□完成 □未完成 （2）□完成 □未完成 （3）□完成 □未完成
13	安装验收		组织验收小组依据轿厢照明线路安装规范进行验收，将验收情况填写在轿厢照明及插座安装验收表中	□完成 □未完成

施工质量自检表

<table>
<tr><th>项目</th><th>灯具</th><th>插座</th><th>开关</th><th>照明控制箱</th></tr>
<tr><td>各部件位置、尺寸</td><td></td><td></td><td></td><td></td></tr>
<tr><td>接线端子可靠性</td><td></td><td></td><td></td><td></td></tr>
<tr><td>维修预留长度</td><td></td><td></td><td></td><td></td></tr>
<tr><td>导线绝缘的损坏情况</td><td></td><td></td><td></td><td></td></tr>
<tr><td>接线的牢固程度</td><td></td><td></td><td></td><td></td></tr>
<tr><td>接线的正确性</td><td></td><td></td><td></td><td></td></tr>
<tr><td>美观协调性</td><td></td><td></td><td></td><td></td></tr>
<tr><td colspan="5">利用万用表进行电气检测，并做记录</td></tr>
<tr><th colspan="2">项目</th><th>阻值</th><th colspan="2">备注</th></tr>
<tr><td colspan="2">轿内照明支路的电阻</td><td></td><td colspan="2"></td></tr>
<tr><td colspan="2">轿顶照明支路的电阻</td><td></td><td colspan="2"></td></tr>
<tr><td colspan="2">插座支路的电阻</td><td></td><td colspan="2"></td></tr>
<tr><td colspan="5">分支路通电试运行，将运行结果做记录</td></tr>
<tr><th colspan="2">支路</th><th colspan="3">运行结果</th></tr>
<tr><td colspan="2">轿内照明支路</td><td colspan="3"></td></tr>
<tr><td colspan="2">轿顶照明支路</td><td colspan="3"></td></tr>
<tr><td colspan="2">插座支路</td><td colspan="3"></td></tr>
</table>

轿厢照明及插座安装验收表

<table>
<tr><td>单位工程名称</td><td colspan="2"></td><td>安装人员</td><td></td></tr>
<tr><td>验收单位（房号）</td><td colspan="2"></td><td>验收日期</td><td>年 月 日</td></tr>
<tr><td colspan="3">施工执行标准名称及编号</td><td colspan="2"></td></tr>
<tr><td colspan="3">施工质量验收项目</td><td>检查评定记录</td><td>整改意见</td></tr>
<tr><td rowspan="4">主控项目</td><td>1</td><td>照明开关的选用、开关的通断位置</td><td>□合格□不合格</td><td></td></tr>
<tr><td>2</td><td>插座的固定</td><td>□合格□不合格</td><td></td></tr>
<tr><td>3</td><td>灯具的固定</td><td>□合格□不合格</td><td></td></tr>
<tr><td>4</td><td>风扇的固定</td><td>□合格□不合格</td><td></td></tr>
<tr><td rowspan="4">一般项目</td><td>1</td><td>照明开关的安装位置、控制顺序</td><td>□合格□不合格</td><td></td></tr>
<tr><td>2</td><td>插座安装和外观检查</td><td>□合格□不合格</td><td></td></tr>
<tr><td>3</td><td>风扇安装和外观检查</td><td>□合格□不合格</td><td></td></tr>
<tr><td>4</td><td>灯具的外形、灯头及其接线检查</td><td>□合格□不合格</td><td></td></tr>
</table>

续表

施工单位检查评定结果：	参加检查人员签字：
	施工单位质量检查员（签章）： 年　月　日
监理（建设）单位验收结论：	参加检查人员签字：
	监理工程师（签章）： 年　月　日

安装工作结束后，电梯安装作业人员应确认所有部件和功能是否正常。安装作业人员应会同客户对电梯轿厢照明及插座进行检查，确认所委托的安装工作已全部完成，并达到客户的安装要求。

六、拓展学习轿厢照明线路基本检修思路及轿厢照明常见故障与处理方法

1．轿厢照明线路基本检修思路及注意事项

（1）简述电梯轿厢照明线路基本检修思路。

（2）简述电梯轿厢照明线路检修时的注意事项。

（3）分组讨论：如果电梯轿厢里的灯突然熄灭了，轿厢里的人应先做什么？然后再做什么？

2．轿厢照明常见故障现象与处理方法

通常情况下，照明线路一旦发生故障，主要有过电流（短路、过载）、断路和漏电三种原因，掌握正确有效的故障处理方法，往往可以起到事半功倍的效果。下表为轿厢照明常见故障现象与处理方法，请查找相关资料，回答有关问题。

轿厢照明常见故障现象与处理方法

<table>
<tr><td rowspan="3">短路故障</td><td>故障现象</td><td>简述电路短路故障现象。 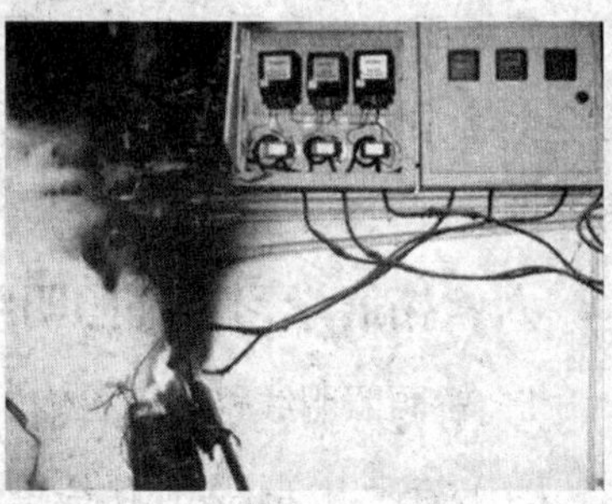
电路短路起火</td></tr>
<tr><td>故障原因</td><td>试分析电路短路故障的原因。</td></tr>
<tr><td>故障检修</td><td>当发现电路短路起火或熔丝熔断时，应先查出发生短路的原因，找出短路故障点，处理后更换熔丝，恢复送电。
简述用万用表进行短路故障检修的方法和步骤。</td></tr>
</table>

续表

<table>
<tr><td rowspan="3">断路故障</td><td>故障现象</td><td>简述电路断路故障现象。</td></tr>
<tr><td>故障原因</td><td>试分析电路断路故障的原因。</td></tr>
<tr><td>故障检修</td><td>简述断路故障的检修方法。</td></tr>
<tr><td>灯具故障</td><td>故障原因及检修</td><td>试分析灯具故障的原因，简述灯具故障的检修方法。</td></tr>
<tr><td>风扇故障</td><td>故障原因及检修</td><td>试分析风扇故障的原因，简述风扇故障的检修方法。</td></tr>
</table>

续表

<table>
<tr><td rowspan="2">漏电故障</td><td>故障原因</td><td>相线绝缘损坏而接地、用电设备内部绝缘损坏使外壳带电等原因都可能导致漏电故障。漏电不但造成电力浪费，还可能造成人身触电事故。试分析电路漏电故障的原因。</td></tr>
<tr><td>故障检修</td><td>简述漏电故障的检修方法。</td></tr>
</table>

学习活动5　工作总结与评价

学习目标

1. 每组能派代表展示工作成果，说明本次任务的完成情况，进行分析总结。

2. 能结合任务完成情况，正确规范地撰写工作总结。

3. 能就本次任务中出现的问题提出改进措施。

4. 能对学习与工作进行反思总结，并能与他人开展良好合作，进行有效沟通。

建议学时　6学时

学习过程

一、个人、小组评价

以小组为单位，选择演示文稿、展板、海报、视频等形式中的一种或几种，向全班展示、汇报工作成果。在展示的过程中，以小组为单位进行评价；评价完成后，根据其他小组对本组展示成果的评价意见进行归纳总结。

汇报思路设计：

其他小组的评价意见：

二、教师评价

认真听取教师对本小组展示成果优缺点以及在完成任务过程中出现的亮点和不足的评价意见，并做好记录。

1．教师对本小组展示成果优点的点评。

2．教师对本小组展示成果缺点及改进方法的点评。

3．教师对本小组在整个任务完成过程中出现的亮点和不足的点评。

三、工作过程回顾及总结

1．在团队学习过程中，项目负责人给你分配了哪些工作任务？你是如何完成的？还有哪些需要改进的地方？

2．总结完成电梯轿厢照明及插座安装任务过程中遇到的问题和困难，列举 2 ~ 3 点你认为比较值得和其他同学分享的工作经验。

3．回顾本学习任务的工作过程，对新学到的专业知识和技能进行归纳与整理，撰写工作总结。

评价与分析

按照客观、公正和公平的原则，在教师的指导下按自我评价、小组评价和教师评价三种方式对自己或他人在本学习任务中的表现进行综合评价。综合等级按 A（90 ~ 100）、B（75 ~ 89）、C（60 ~ 74）、D（0 ~ 59）四个级别进行填写。

学习任务综合评价表

<table>
<tr><th rowspan="2">考核项目</th><th rowspan="2">评价内容</th><th rowspan="2">配分（分）</th><th colspan="3">评价分数</th></tr>
<tr><th>自我评价</th><th>小组评价</th><th>教师评价</th></tr>
<tr><td rowspan="6">职业素养</td><td>安全防护用品穿戴完备，仪容仪表符合工作要求</td><td>5</td><td></td><td></td><td></td></tr>
<tr><td>安全意识、责任意识强</td><td>6</td><td></td><td></td><td></td></tr>
<tr><td>积极参加教学活动，按时完成各项学习任务</td><td>6</td><td></td><td></td><td></td></tr>
<tr><td>团队合作意识强，善于与人交流和沟通</td><td>6</td><td></td><td></td><td></td></tr>
<tr><td>自觉遵守劳动纪律，尊敬师长，团结同学</td><td>6</td><td></td><td></td><td></td></tr>
<tr><td>爱护公物，节约材料，管理现场符合 6S 标准</td><td>6</td><td></td><td></td><td></td></tr>
</table>

续表

<table>
<tr><th rowspan="2">考核项目</th><th rowspan="2">评价内容</th><th rowspan="2">配分（分）</th><th colspan="3">评价分数</th></tr>
<tr><th>自我评价</th><th>小组评价</th><th>教师评价</th></tr>
<tr><td rowspan="3">专业能力</td><td>专业知识扎实，有较强的自学能力</td><td>10</td><td></td><td></td><td></td></tr>
<tr><td>操作积极，训练刻苦，具有一定的动手能力</td><td>15</td><td></td><td></td><td></td></tr>
<tr><td>技能操作规范，遵循安装工艺，工作效率高</td><td>10</td><td></td><td></td><td></td></tr>
<tr><td rowspan="2">工作成果</td><td>轿厢照明及插座安装符合工艺规范，安装质量高</td><td>20</td><td></td><td></td><td></td></tr>
<tr><td>工作总结符合要求</td><td>10</td><td></td><td></td><td></td></tr>
<tr><td colspan="2">总分</td><td>100</td><td></td><td></td><td></td></tr>
<tr><td rowspan="2">总评</td><td rowspan="2">自我评价 ×20%+ 小组评价 ×20%+ 教师评价 ×60%=</td><td>综合等级</td><td colspan="3" rowspan="2">教师（签名）：</td></tr>
<tr><td></td></tr>
</table>

学习任务二　井道照明及插座安装

学习目标

1. 能通过识读井道照明及插座安装任务单，明确工作任务。

2. 熟悉井道照明及插座安装基本知识，能正确识读井道照明安装平面图。

3. 能根据任务要求和施工图，勘察施工现场，进行设置施工通告牌及技术交底等开工前的必要准备工作。

4. 明确井道照明及插座的安装流程。

5. 能与项目组长进行专业沟通，根据井道照明及插座安装任务单的要求和实际情况，在项目组长的指导下制订工作计划。

6. 能正确使用井道照明线路安装常用工具，了解井道照明线路施工有关工艺要求。

7. 能按图样、工艺、安全规程要求，完成井道照明电路及插座的安装。

8. 能正确填写施工质量自检表，并交付验收。

9. 能拓展学习井道照明线路常见故障现象与处理方法，学习维修技能。

10. 能对井道照明及插座安装过程进行总结与评价。

72 学时

工作情境描述

我市某电梯公司接到一新建小区 112 台电梯的安装任务，目前已经完成了轿厢和对重机械部分的安装，且随行电缆已连接到机房，现需要进行井道照明及插座的安装。电梯安装作业人员从项目组长处领取安装任务单，要求采用小组合作的方式，在 5 天内完成安装任务，并交付验收。

工作流程与活动

学习活动1　明确工作任务（6学时）

学习活动2　安装前的准备工作（24学时）

学习活动3　制订工作计划（12学时）

学习活动4　线路安装及验收（24学时）

学习活动5　工作总结与评价（6学时）

学习活动1　明确工作任务

学习目标

1. 能通过识读井道照明及插座安装任务单，明确工作任务。
2. 熟悉井道照明及插座安装基本知识。
3. 能正确识读井道照明安装平面图。

建议学时　6学时

学习过程

一、接受任务单，明确工作任务

电梯安装作业人员从项目组长处领取井道照明及插座安装任务单，明确安装项目、时间、人员及地点等内容。

井道照明及插座安装任务单

合同编号	EE21671A		
使用单位	正华物业管理公司	联系人	王振海
工程地址	建工路2号	联系电话	157××××××××
施工类别	☑安装　☐调试　☐维修　☐改造		
施工日期	共5天，从____年____月____日到____年____月____日		
电梯型号	TKJ1000/1.6-JXW	台数	112
施工人员			
负责人			

续表

施工说明	我市某电梯公司接到一新建小区 112 台电梯的安装任务，该项目准备在 9 个月后开工，因该企业人员不足、工期紧、任务重，现需要我校对该项目进行安装支持。因我校学生刚入学，尚未掌握相关专业知识和安全技能，需对我校电梯工程技术专业学生进行上岗前培训，在培训合格后，选取优秀学生去企业协助完成井道照明及插座安装任务。 本次培训拟在我校电梯照明实训场地完成。安装过程需遵循《电梯制造与安装安全规范》[GB 7588—2003 (2015)] 中“13.6 照明与插座”及《电梯安装验收规范》(GB/T 10060—2011) 中“5.4.7 紧急照明”和“5.4.10 通风及照明”的要求，确保井道照明及插座工作正常，满足上述规范要求。
电梯井道照明安装电路图	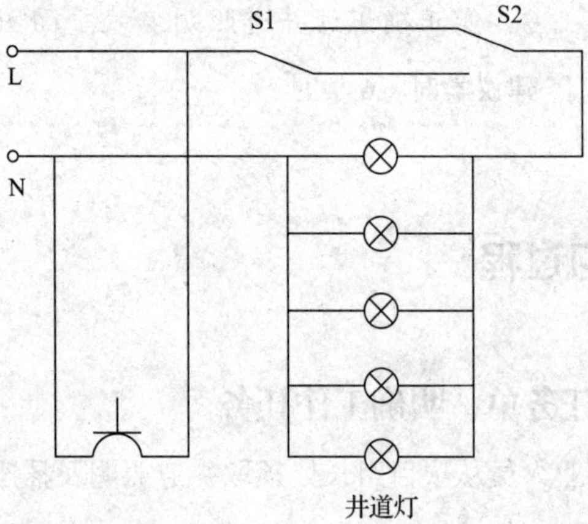 S1 S2 L N 井道灯

二、认识电梯井道照明

依据电梯实际条件，通过查阅相关资料，学习电梯井道、照明灯具等相关知识。

1．下图所示为钢结构井道和封闭式井道，请简述井道的定义。

钢结构井道

封闭式井道

2．写出下表中灯具及其附件的名称。

灯具及其附件

图示	名称	图示	名称

3．简述井道照明安装规范要求。

三、识读井道照明线路图

1．下图所示为某电梯井道照明安装电路图，试进行简要分析，说明井道照明元器件之间的相互关系。

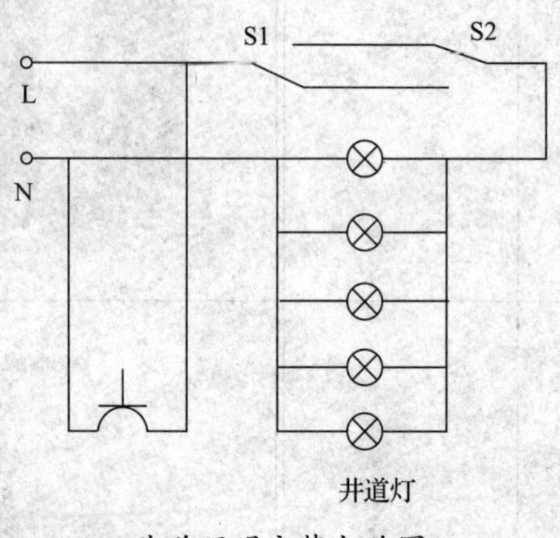

井道照明安装电路图

2．根据下表中常见照明控制电路的平面图画出接线图，并予以说明。

常见的照明控制电路

电路名称	平面图	接线图	说明
一只单极开关控制一盏灯	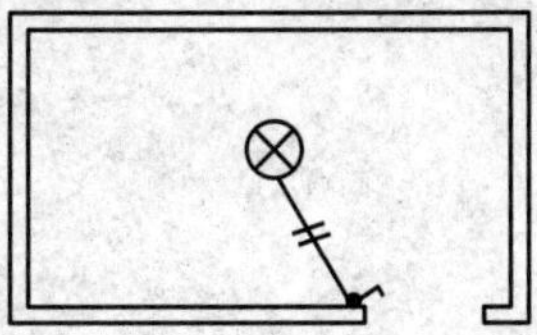		
一只单极开关控制一盏灯并与插座相连	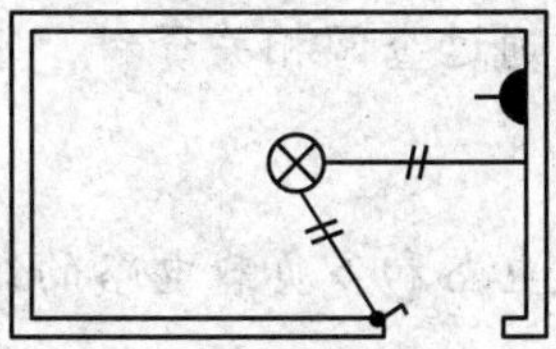		
一只单极开关控制两盏灯	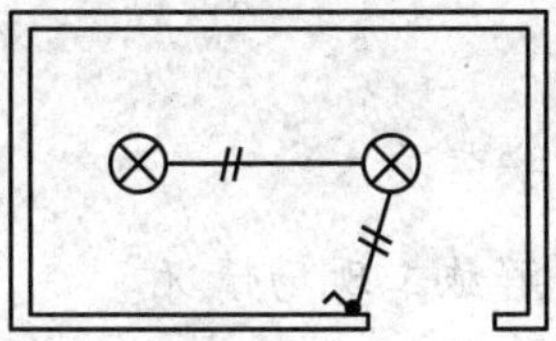		
一只双极开关控制两盏灯	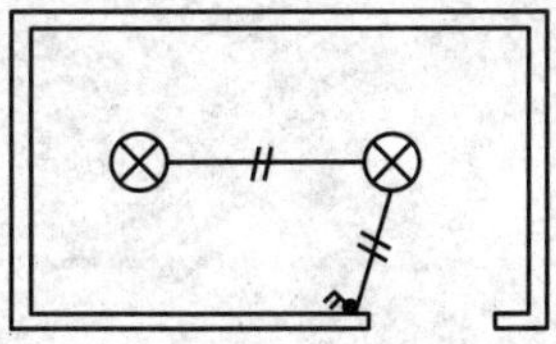		
两只双控开关控制一盏灯	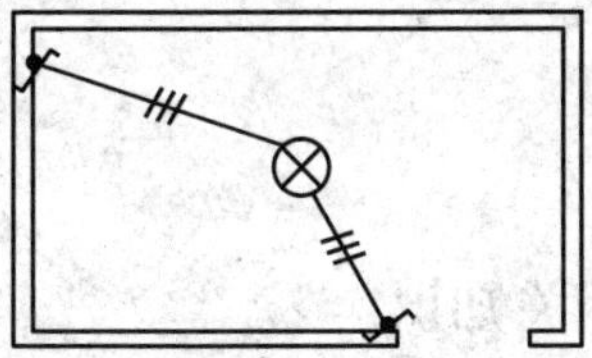		

学习活动 2　安装前的准备工作

学习目标

1. 能根据安装任务单，通过查阅相关资料，掌握线管配线及电工元器件相关知识。

2. 熟悉双控交流单负载电路和多负载电路的组成及作用，掌握双控交流单负载、多负载电路的功能，按要求完成电路的安装。

3. 熟悉井道照明线路的安装要求。

4. 能通过现场勘察，了解施工现场情况。

5. 能进行设置施工通告牌及技术交底等开工前的必要准备工作。

建议学时　24 学时

学习过程

一、获取线管配线及电工元器件相关知识

1. 线管的相关知识

（1）认识线管配线

把绝缘导线穿入保护管内敷设，称为线管配线。这种配线方式比较安全可靠，可避免腐蚀性气体的侵蚀，避免了导线遭受机械损伤，更换导线也比较方便，在工业与民用建筑中使用最为广泛。

线管配线通常有________和________两种。明配线时，要求横平竖直、整齐美观、牢固可靠且固定点间距_____。暗配线时，要求______________。

（2）线管的分类

在下表中填写不同字母代号对应的线管类型。

线管的分类

字母代号	线管类型	字母代号	线管类型
SC		SR	
TC		RC	
PC/PVC		KPC	
CT		CP	

（3）线管配线要求

线管配线的主要工作内容有____________和____________两部分。

线管配线的一般规定如下：

1）金属线管必须____________可靠。

2）所有管口在穿入__________后应做密封处理。

3）当线管埋入建筑物、构筑物暗配线时，其与建筑物、构筑物表面的距离不应小于________mm；若是线管在砖墙上剔槽埋设时，还应采用强度等级不小于M10的水泥砂浆抹面保护。

4）在室外埋地敷设的电缆线管，其壁厚不得小于______mm，埋深应不小于______mm。

5）室内（外）线管的管口应设置在盒、箱内，在落地式配电箱内的管口，箱底无封板的，管口应高出基础面____________mm。

6）电缆线管的弯曲半径不应____________规范规定的电缆最小允许弯曲半径。

7）直埋于地下或楼板内的刚性绝缘线管，在穿出地面或楼板易受机械损伤的一段应采取保护措施。当设计无要求时，埋设在墙内或混凝土内的绝缘线管应采用中型以上的线管。

8）导线保护管不宜穿过设备或建筑物、构筑物的基础，当必须穿过时，应采取______措施。在穿过建筑物伸缩、沉降缝时，也应采取____________措施。

9）为了穿线、拉线方便，当导线保护管遇有下列情况之一时，中间应增设接线盒或拉线盒。

①导线保护管长度每超过____________，无弯曲。

②导线保护管长度每超过____________，有1个弯曲。

③导线保护管长度每超过____________，有2个弯曲。

④导线保护管长度每超过____________，有 3 个弯曲。

10）为了克服导线自重带来的某些危害，当垂直敷设导线保护管遇到下列情况之一时，应增设固定导线用的拉线盒。

①导线保护管内导线截面积在 50 mm^2 及以下，长度每超过____________。

②导线保护管内导线截面积为 70 ~ 95 mm^2，长度每超过____________。

③导线保护管内导线截面积为 120 ~ 240 mm^2，长度每超过____________。

（4）简述线管配线时选择线管的原则。

（5）导线穿管的原则

由于导线粗细不同，所需线管的内径不同。为了便于穿线及拉线，不同截面的导线穿不同材质的线管时，允许穿线的最大根数不同。下表以 BV 导线穿管为例进行介绍。

BV 导线穿不同材质线管时的管内导线根数

BV 导线线芯截面积 /mm^2	管内导线根数							管内导线根数						
	2	3	4	5	6	7	8	2	3	4	5	6	7	8
	焊接钢管直径 /mm							导线管、PVC 管直径 /mm						
1.0	15	15	15	15	20	20	20	15	15	20	20	25	25	25
1.5	15	15	20	20	20	25	25	20	20	20	25	25	32	32
2.5	15	15	20	20	20	25	25	20	20	20	25	25	32	32
4.0	15	20	20	20	25	25	25	20	20	25	25	32	32	32
6.0	20	20	20	25	25	25	32	20	25	25	32	32	32	40
10.0	20	25	25	32	32	40	40	25	32	32	40	40	40	

（6）接线盒与开关盒

1）当线管配线分叉或不能达到要求的长度时，必须设置接线盒。接线盒是电气配管线路中管线长度、管线弯头超过规范规定的距离和弯头个数时以及管路有分支时所必须设置的过路过渡盒。其作用是方便穿线、分线和过渡接线。每个明装配电箱（暗配管）的背后都有一个接线盒（先配管）。

2）开关盒是安装灯具、开关、插座等设备的底盒，用于设备的接线。

3）无论接线盒和开关盒是金属盒还是PVC塑料盒，目前在安装工程中普遍采用的为H86型盒，盒面宽______mm，盒深有______mm、______mm不等。

4）线路直线长度超过30 m、有多个弯折时，均要在线路敷设中增加接线盒，以利于线路的敷设和接线。

（7）看图识符号

导线、线槽有很多种，在下表中列出了一些常用的导线、线槽，请补充完整其字母代号。

导线、线槽

序号	图示	字母代号	序号	图示	字母代号
1			5		
2			6		
3			7	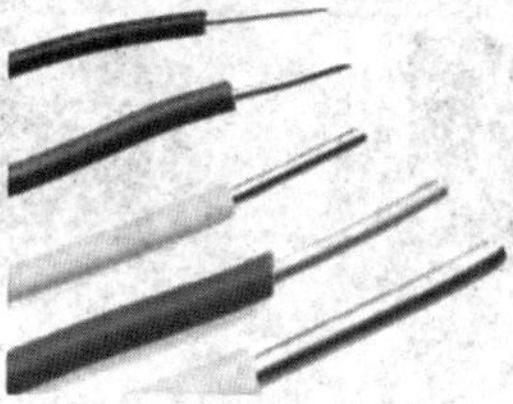	
4			8		

2．双控开关的认知

（1）双控开关的定义

双控开关即一个开关同时具备______、______两个触点。

绘制双控开关在照明平面图中的电路图形符号。

双控开关有______个接线柱（见下图），其中一个接线柱上标有“L”的标志，为______，用于连接相线或者灯线；另外两个触点用于连接两条控制线（即双控线），通常有______和____的标志。

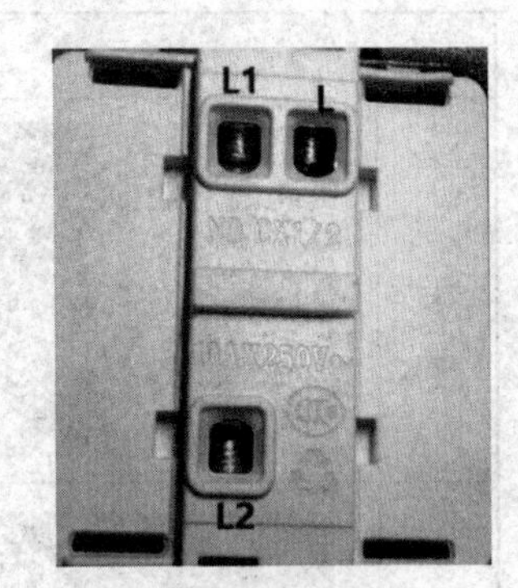

双控开关接线柱

（2）简述双控开关的作用。

（3）双控开关的接线（见下图）

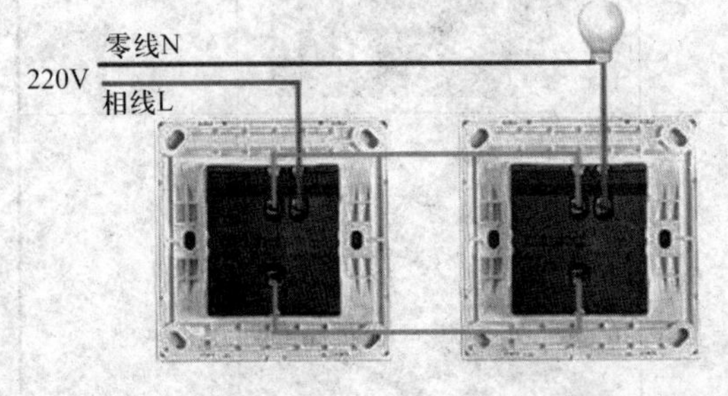

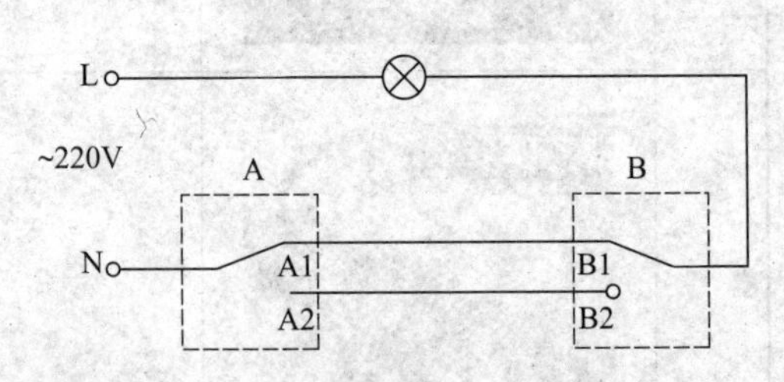

双控开关接线图

其中相线用红色导线，零线用淡蓝色或黑色导线，控制线用绿色导线。

先将一个双控开关的接线柱_____连接到相线，再将另一个双控开关的接线柱____连接到灯头（或螺口灯头的_______），然后连接控制线，也就是用两条绿色导线任意连接上下两个接线柱____和____；____则直接连接到灯头的另一个触点（或螺口灯头的_____）即可。

（4）双控开关的工作原理

当A、B开关扳到相同号位（A1和B1，或A2和B2）时，则回路__________，灯泡______。当A、B开关扳到相异号位时（A1和B2，或A2和B1），则回路________，灯泡_______。而任何一个开关扳动______次均会从同号位切换到异号位或从异号位切换到同号位，即均能实现一次通断切换。

（5）安装两地控制照明线路

在日常生活中经常有两地控制用电器的需要，如楼梯间照明灯的控制、卧室照明灯的控制等。两地控制照明线路给人们生产、生活带来了很多方便。

如下图所示，线路处于断路的状态，灯泡不亮。

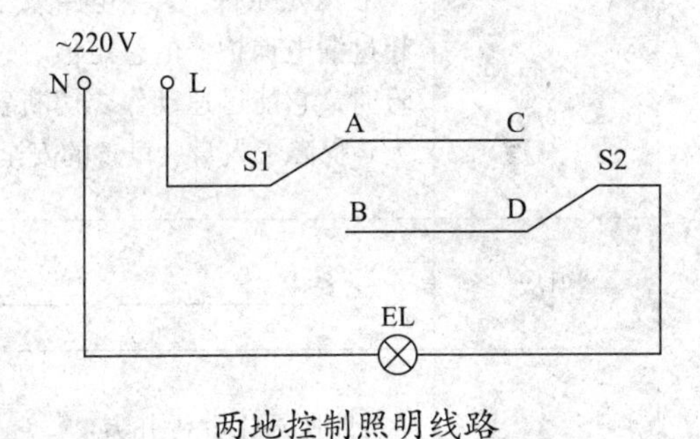

两地控制照明线路

若S1动作，S1动触点由A点切换到B点，S2不动作，电路______，灯泡EL______；若S1再次动作，则电路电流______，灯泡EL______。

若S2动作，S2动触点由D点切换到C点，S1不动作，电路______，灯泡EL______；若S2再次动作，则电路电流______，灯泡EL______。

1）双控开关部分的接线方法

①导线从相线出来，直接接到S1的动触点。

②将S1的两静触点和S2的两静触点对应相连。

③从S2动触点出去的导线接灯座。

2）两地控制照明线路安装步骤

①对照元件布置图（见右图），定位各元件位置。

②安装断路器、双控开关，预留灯座位置。

③敷设导线，连接电气元件。

④电路敷设完成后，使用万用表检查线路连接是否正确。

⑤由指导教师检查无误后，进行通电试验。

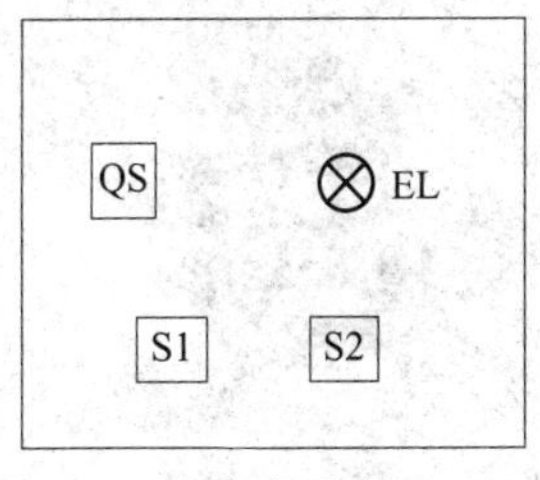

元件布置图

二、认知漏电保护器

1．认识漏电保护器，了解漏电保护器的相关知识，填写在下表中。

漏电保护器认知表

	项目	内容
	简称	漏电保护器简称漏电开关，又称为__________。
	用途	用来防止人身触电和漏电引起事故的一种接地保护装置，具有过载和短路保护功能，可用来保护线路或电动机。
	工作原理	在规定条件下，当电路或用电设备漏电电流达到或超过漏电保护器的整定值时，或人、动物发生触电危险时，它能迅速动作，切断事故电源，避免事故的扩大，保障了人身、设备的安全。
	组成	主要由________、________和_____组成。
	分类	1．按动作方式分为：________________。 2．按动作机构分为：________________。 3．按极数和线数分为：______________。 4．按动作灵敏度分为：______________。 5．按动作时间分为：________________。

2．写出下列漏电保护器的名称。

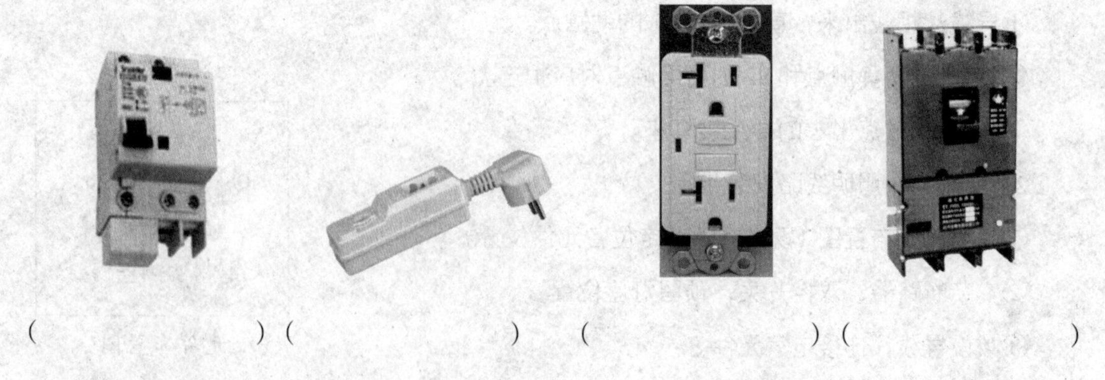

(　　　　　　　　)　(　　　　　　　　)　(　　　　　　　　)　(　　　　　　　　)

3．简述下列常见漏电保护器之间的区别。

常见的漏电保护器

4．简述漏电保护器的选用原则

（1）选用漏电保护器时，应根据________的不同要求来确定，既要保证在技术上________，还应考虑经济上的__________。

（2）漏电保护器的_______、_________、_________等性能指标应与线路相适应。

（3）漏电保护器的类型应与______、_______、______和______相适应。

5．简述漏电保护器的安装要求

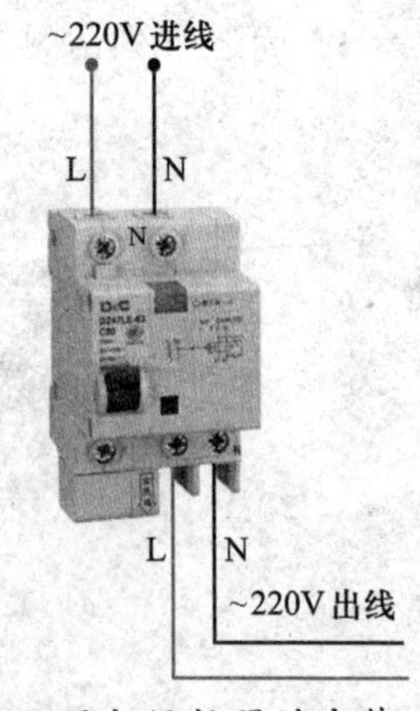

漏电保护器的安装

（1）漏电保护器的安装（见右图）应符合生产厂家产品________的要求。

（2）在安装漏电保护器之前，应检查电气线路和设备泄露____________________。

（3）安装时必须对电源侧和负载侧加以区别，不得________。

（4）安装漏电保护器时，必须严格区分______________和______________。

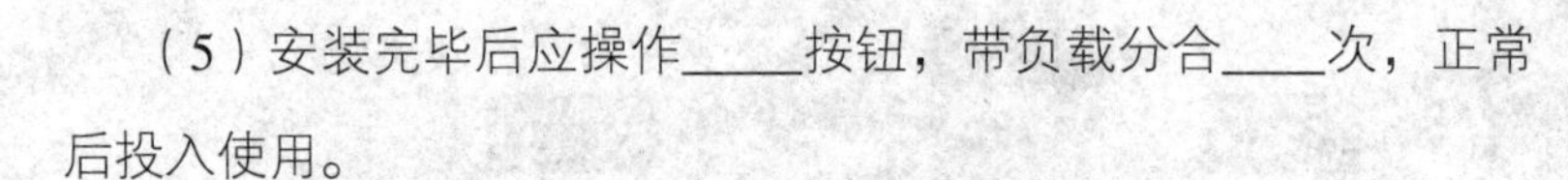

（5）安装完毕后应操作_____按钮，带负载分合____次，正常后投入使用。

三、认知双控交流单负载电路和多负载电路

1．认识双控交流单负载电路和多负载电路的组成及类型，掌握其电路原理，学会电路图的识读方法及技巧。

（1）简述负载的概念及种类。

（2）认识单相电能表的结构，了解其工作原理，完成下表中有关内容的填写。

单相电能表

定义	
分类	
选用	

（3）识别下图所示电能表的铭牌，完成下表中有关内容的填写。

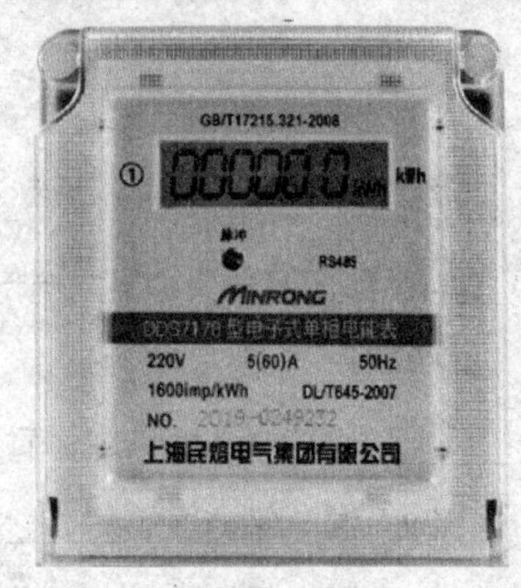

电能表的铭牌

电能表的铭牌数据

规格、型号	
额定电压	
额定电流	
频率	
类型	

（4）了解电能表的接线图（见右图），完成下列填空。

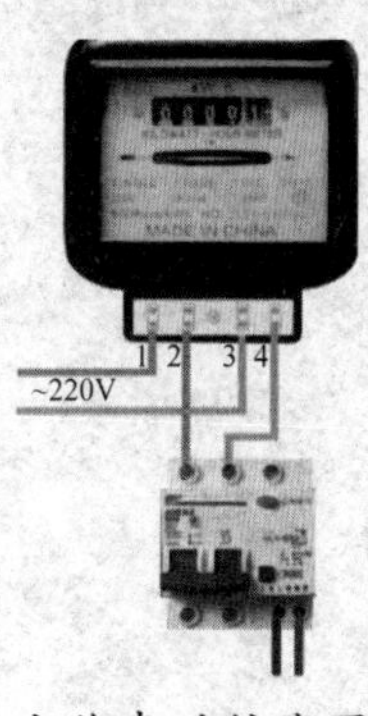

电能表的接线图

单相电能表共有 4 个接线柱，从左往右按 1、2、3、4 编号。

一般单相电能表：接线柱 1、3 接电源进线（1 为进______，3 为进______）；接线柱 2、4 接出线（2 为出______，4 为出______）。

（5）识读双控交流单负载电路和多负载电路

1）指出下图所示双控交流单负载电路中各元器件的名称，简述其功能。

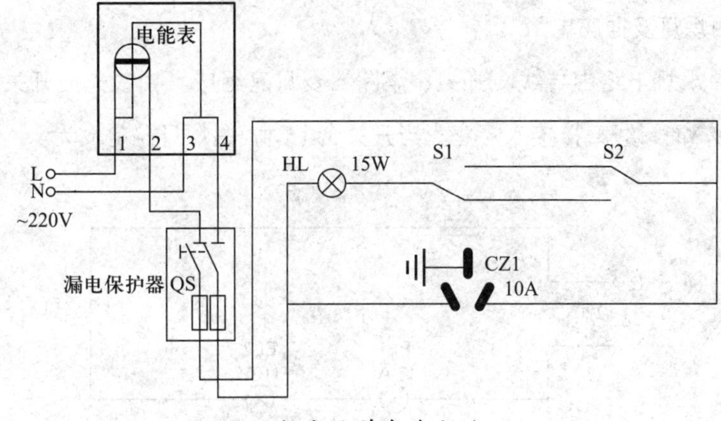

双控交流单负载电路

2）简述下图所示双控交流多负载电路的工作原理。

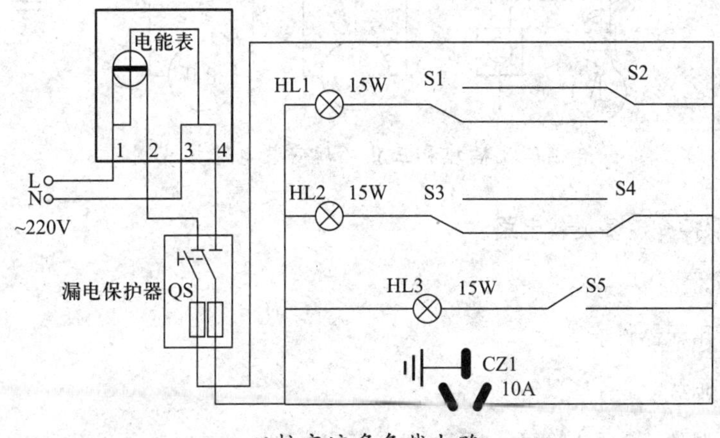

双控交流多负载电路

2．学习双控交流单负载电路和多负载电路的安装知识

（1）安装白炽灯及插座电路

下图所示白炽灯电路由导线、开关、熔断器及灯座组成。相线先接开关，然后才接到白炽灯座（头），而零线直接接入灯座。当开关合上时，白炽灯得电发光。

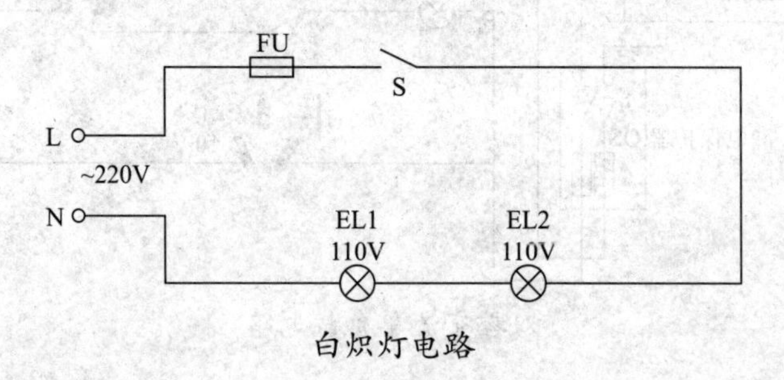

白炽灯电路

如下图所示，单相二孔插座水平安装时为左零右相，垂直安装时为上相下零。对于单相三孔扁插座，是左零右相上接地，不得将地线孔装在下方或横装。

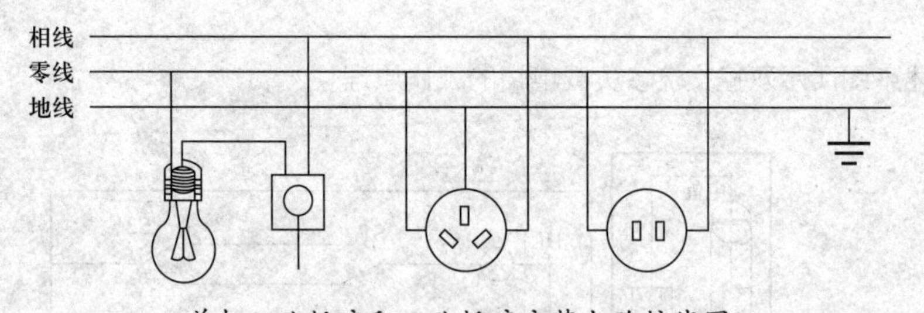

单相二孔插座和三孔插座安装电路接线图

（2）安装双控交流多负载电路

安装步骤如下：

1）检测所用元器件。

2）定位及画线。

3）固定元器件（对于接线盒，要注意其开口方向），要求布局合理。

4）在配电板上进行明线布线，要求：

①导线必须横平竖直，尽可能避免交叉。

②几条导线平行敷设时，导线敷设应紧密，导线与导线之间不能有明显的空隙。

③护套线转弯成圆弧直角时，转弯圆度不能过小，以免损伤导线，转弯前后距转弯 30 ~ 50 mm 处应各用一个线卡。

④导线最好不在线路上直接连接，可通过接线盒或借用其他电器的接线桩来连接线头。

⑤导线进入明线盒前 30 ~ 50 mm 处应安装一个线卡，盒内应留出剖削 2 ~ 3 次的剖削长度。

⑥布线时，严禁损伤线芯和导线绝缘层。

⑦布线完工后，先检查导线布局的合理性，然后按电路要求将元器件面板装上，注意连接点不得松动。

⑧通电前，必须先清理接线板上的工具、多余的元器件以及断线头，以防造成短路和触电事故。然后对配电板线路的正确性进行全面自检（用万用表电阻挡），以确保通电一次性成功。

⑨通电试运行，将控制板的电源线接入电表箱各自电能表的出线端，经指导教师同意，并在教师现场监护的情况下，方可通电。注意操作时的安全。

下图所示为双控交流多负载电路接线图。

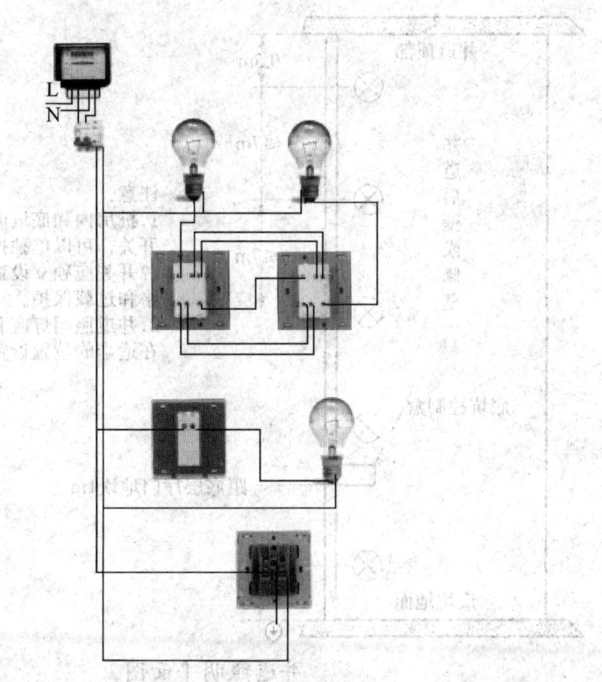

双控交流多负载电路接线图

四、了解井道照明安装有关问题

1．查阅相关国家标准及资料，回答下列问题。

（1）国家标准中对井道照明灯安装位置有哪些要求?

（2）井道照明线路中都有哪些元器件?

2．识读下面的井道照明平面图，分清各个回路，在平面图中找到各回路的组成，明确井道照明元器件的安装位置。

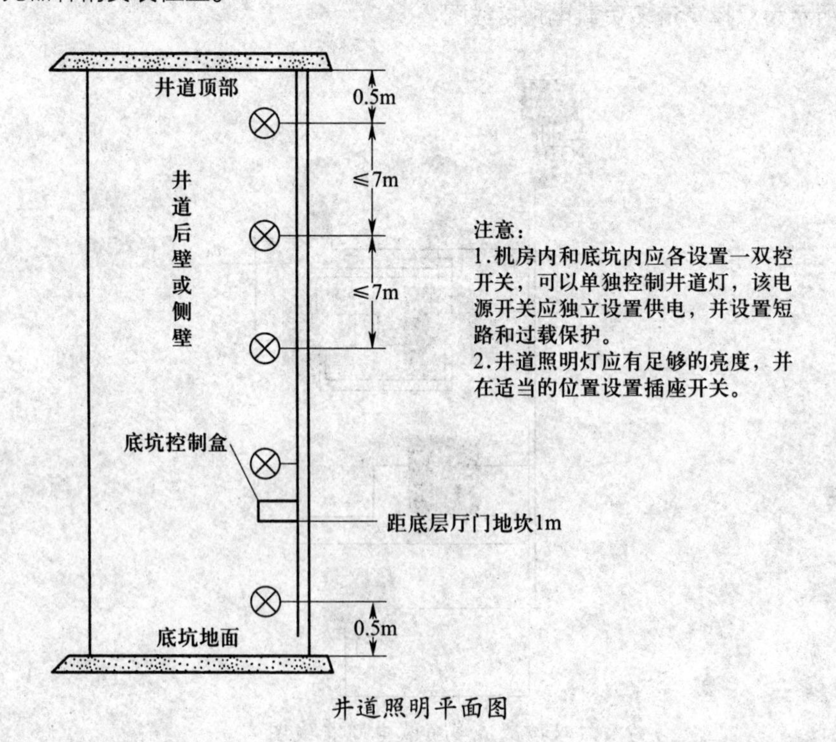

井道照明平面图

3．请根据井道照明安装电路图，绘制出井道照明线路接线图。

五、现场勘察

现场勘察施工条件，填写电梯施工现场勘察记录表。

施工现场勘察记录表

<table>
<tr><td>工程名称</td><td colspan="2"></td><td>工程地点</td><td colspan="2"></td></tr>
<tr><td>勘察时间</td><td colspan="2"></td><td>记录人</td><td colspan="2"></td></tr>
<tr><td>勘察内容</td><td colspan="5"></td></tr>
<tr><td rowspan="3">指出井道照明及插座位置</td><td colspan="2">井道顶部及底坑照明位置</td><td colspan="3">□正确　□基本正确　□错误</td></tr>
<tr><td colspan="2">井道内部照明位置</td><td colspan="3">□正确　□基本正确　□错误</td></tr>
<tr><td colspan="2">底坑插座位置</td><td colspan="3">□正确　□基本正确　□错误</td></tr>
<tr><td rowspan="3">勘察结果确认</td><td colspan="5">上述勘察项目属实</td></tr>
<tr><td>代表（签字）</td><td>代表（签字）</td><td colspan="2">代表（签字）</td><td>代表（签字）</td></tr>
<tr><td>年　月　日</td><td>年　月　日</td><td colspan="2">年　月　日</td><td>年　月　日</td></tr>
</table>

六、设置施工通告牌及技术交底

1．设置施工通告牌

根据工地的基本信息、安全培训等内容，设计施工通告牌，张贴施工通告牌及相关安全标志。

施工通告牌	
工程名称	
安装单位	
预计工期	年 月 日至 年 月 日
现场负责人	

2．技术交底

填写井道照明及插座安装技术交底记录单。

井道照明及插座安装技术交底记录单

学习任务	井道照明及插座安装	班组成员	
交底部位	井道	交底日期	
（1）质量标准及执行规程规范			
（2）安全操作事项			
（3）操作要点及技术措施			

续表

（4）其他注意事项			
主要参加人员	项目技术负责人	交底人	交底接收人
年 月 日			

学习活动 3　制订工作计划

学习目标

1. 能根据井道照明及插座安装任务单的要求和实际情况，在项目组长的指导下，明确井道照明及插座的安装流程。

2. 能根据井道照明及插座的安装流程，制订工作计划。

建议学时　12 学时

学习过程

一、明确电梯井道照明及插座的安装流程

熟悉电梯井道照明及插座的安装流程，填写井道照明及插座安装流程表。

井道照明及插座安装流程表

1. 安装流程 井道照明及插座的安装流程包括：安装后清理现场、准备安装工具和材料、安装后自检、安装底坑照明盒、安装井道照明、现场勘察、验收、固定线管线盒、导线穿管、接线等，按正确的顺序填在下面的框中。 ☐ ⇨ ☐ ⇨ ☐ ⇨ ☐ ⇨ ☐ ⇩ ☐ ⇦ ☐ ⇦ ☐ ⇦ ☐ ⇦ ☐ 井道照明及插座的安装流程
2. 安装注意事项

二、制订工作计划

根据井道照明及插座的安装流程，制订工作计划。

井道照明及插座安装工作计划表

<table>
<tr><td colspan="2">1. 电梯型号</td><td colspan="3"></td></tr>
<tr><td colspan="2">2. 照明类型</td><td colspan="3"></td></tr>
<tr><td colspan="2">3. 所需的工具、设备、材料</td><td colspan="3"></td></tr>
<tr><td colspan="5">4. 人员分工</td></tr>
<tr><th>序号</th><th>工作内容</th><th>负责人</th><th>计划完成时间</th><th>备注</th></tr>
<tr><td>1</td><td></td><td></td><td></td><td></td></tr>
<tr><td>2</td><td></td><td></td><td></td><td></td></tr>
<tr><td>3</td><td></td><td></td><td></td><td></td></tr>
<tr><td>4</td><td></td><td></td><td></td><td></td></tr>
<tr><td>5</td><td></td><td></td><td></td><td></td></tr>
<tr><td>6</td><td></td><td></td><td></td><td></td></tr>
</table>

制订工作计划之后，需要对计划内容、工艺流程进行可行性研究，要求对实施地点、准备工作、工艺流程等细节进行探讨，保证后续安装工作安全、可靠地执行。

学习活动 4 线路安装及验收

学习目标

1. 能正确使用井道照明线路安装工具。

2. 了解井道照明线路施工有关工艺要求。

3. 能按图样、工艺、安全规程要求，完成井道照明及插座的安装。

4. 能正确填写施工质量自检表，并交付验收。

5. 能拓展学习井道照明线路常见故障现象与处理方法，学习维修技能。

建议学时 24 学时

学习过程

一、领取电梯井道照明线路安装工具及材料

领取相关物料（包括工具、材料和仪器），就物料的名称、数量、单位和规格进行核对，填写物料领用表，为物料领取提供凭证。在教师指导下，了解相关工具和仪器的使用方法，检查工具和仪器是否能正常使用，准备井道照明线路安装所需的材料。

物料领用表

物料名称	数量	单位	规格	领用时间	领用人	归还时间	备注

续表

物料名称	数量	单位	规格	领用时间	领用人	归还时间	备注
注意事项	1．领用人应保管好所领取的工具及材料，若有遗失，要照价赔偿。 2．领用工具不得在实训以外场地使用，非允许不得外借他人使用。 3．易耗工具及材料在教师确认后以旧换新。 4．避免材料的浪费。						

二、学习使用井道照明线路安装工具

1．手锯的使用

完成下面的手锯认知表有关内容的填写。

手锯认知表

1．简述手锯的定义。

2．查阅相关资料，填写手锯的分类及应用等相关内容。

手锯的分类及应用

手锯分类	每 25 mm 长度内的齿数	应用
粗齿		
中齿		
细齿		

3．简述手锯的用途。

4．根据下图所示，简述手锯锯条的安装及使用方法。

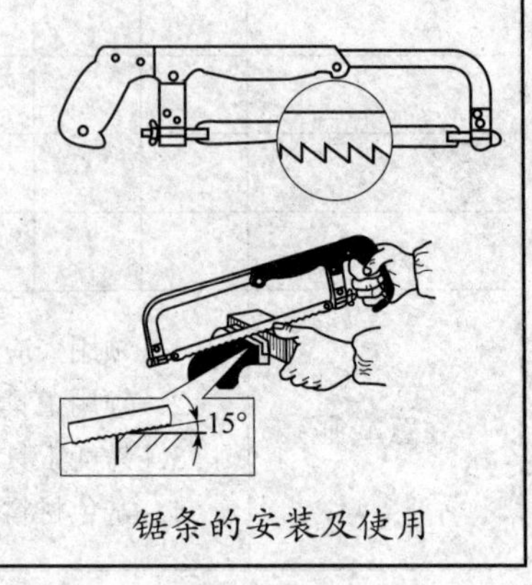

锯条的安装及使用

续表

5．简述手锯锯条折断的原因。
6．简述手锯锯齿崩裂的原因。
7．简述调节手锯锯条松紧的方法。

2．手电钻的使用

完成下面手电钻认知表有关内容的填写。

手电钻认知表

定义	手电钻又称（　　）、电钻，是一种手提式电动工具，适用于在（　　）材料或构件上（　　）。通常，对于因受场地限制，加工件形状或部位不能用钻床等设备加工时，一般都用手电钻来完成。
分类	手电钻按结构不同分为（　　）和（　　）两大类，按供电电源不同分为（　　）、（　　）和（　　）三大类。
选用	当要求有大的启动转矩和软的机械特性时，应选用手电钻，利用负载大小的变化可改变手电钻转速的高低，实现（　　）调速。
1．下面两个图分别属于哪种结构的手电钻？ 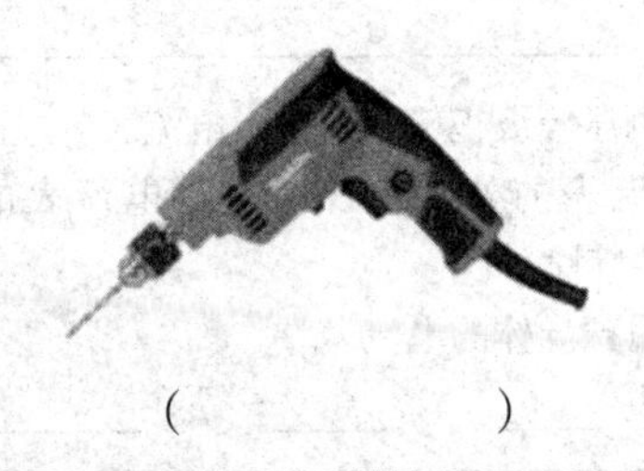（　　　　） 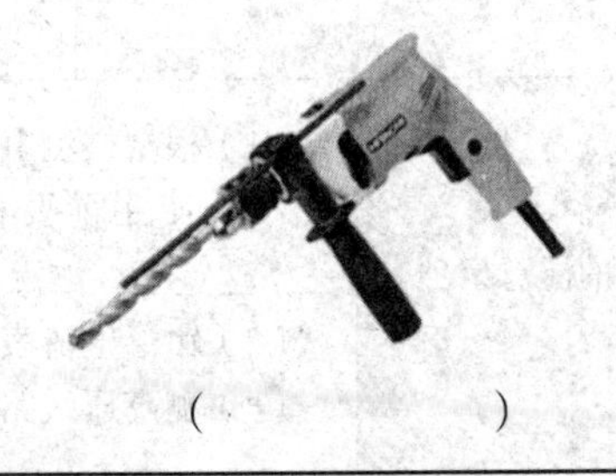（　　　　）	

续表

<table>
<tr><td>2. 熟悉手电钻的使用安全注意事项，回答以下问题。
（1）使用前要检查导线（　　）是否良好，如果导线有破损，可用胶布包好。
（2）应根据（　　）和（　　）选用手电钻。尽可能选择与钻孔（　　）相对应的手电钻规格，以充分发挥手电钻的性能及结构上的特点，达到良好的切削效率，以免由于过载而烧坏电动机。
（3）为了防止机械伤害，使用手电钻时（　　）戴手套。
A. 必须　　B. 应　　C. 不允许　　D. 允许
（4）使用前，手电钻应空转（　　）min 左右，检查其运转是否正常。三相手电钻试运转时，还应观察钻轴的旋转（　　）是否正确。若转向不对，可将手电钻的三相电源线任意对调两根，以改变转向。
（5）移动手电钻时，必须握持手电钻手柄，不能拖拉电源线来搬动手电钻，并随时防止电源线（　　）和（　　）。
（6）手电钻使用完毕后，应将导线绕在手电钻上，放置在（　　）处，以备下次使用。
（7）钻 ϕ（　　）mm 以上的钻孔时，应使用有侧柄的手电钻。
（8）钻孔时产生的钻屑（　　）用手直接清理，应用专用工具清除。</td></tr>
</table>

3. 钳形电流表的使用

钳形电流表又称为钳表，是测量交流电流的专用电工仪表，一般用于不断开电路测量电流的场合。完成下面的钳形电流表认知表有关内容的填写。

钳形电流表认知表

<table>
<tr><td colspan="3">1. 钳形电流表的结构及原理</td></tr>
<tr><td rowspan="2"></td><td>结构</td><td>钳形电流表由______和______组合而成。可以通过______的拨挡，改换不同的______，但拨挡时不允许进行______操作。钳形电流表一般准确度不高，通常为______级。</td></tr>
<tr><td>原理</td><td>建立在电流互感器工作原理的基础之上，测量电流时，按动扳手，打开钳口，将被测载流导线置于穿心式电流互感器的中间，当被测载流导线中有交变电流通过时，交流电流的磁通在互感器二次绕组中感应出电流，该电流通过电磁式电流表的线圈，使指针发生偏转，在表盘标度尺上指示被测电流值。</td></tr>
<tr><td>使用前的注意事项</td><td colspan="2">（1）根据被测电流的种类、电压等级正确选择钳形电流表。
（2）使用前要检查钳形电流表的外观情况，钳形电流表的钳口应______，注意不能带电转换量程。
（3）钳形电流表不能用来测量裸导体的电流。
（4）测高压线路电流时，要戴______，穿______，站在______上。</td></tr>
</table>

续表

<table>
<tr><td colspan="4">2. 钳形电流表的使用步骤
（1）测量电流前要__________________。
（2）选择合适的量程时，先选__________，后选量程或看估算。
（3）当测量中读数还不明显时，可将被测导线绕几匝，匝数要以钳口的匝数为准，则读数 = ________________。
（4）测量完毕，要将转换开关置于___________。
（5）测量时，应使被测导线处在钳口的______，并使钳口________，以减小误差。</td></tr>
<tr><td colspan="4">3. 简述使用钳形电流表测量 5 A 以下电流的方法。</td></tr>
<tr><td colspan="4">4. 技能考核——用钳形电流表测量电动机绕组的电流值
操作步骤如下：
（1）按电动机铭牌规定，接好接线盒内的连接片。
（2）按规定接入三相交流电路，令电动机通电运行。
（3）用钳形电流表测量电动机转速达到额定值后的正常工作状态电流，在下表中记录有关测量数据。
（4）在电动机空载运行时，人为断开一相电源，如取下某一相熔断器，用钳形电流表测量电动机缺相运行状态电流（测量时间应尽量短），测量完毕立即关断电源，在下表中记录有关测量数据。
测量数据记录表</td></tr>
<tr><td>钳形电流表型号</td><td></td><td>三相异步电动机型号</td><td></td></tr>
<tr><td rowspan="2">电动机正常工作状态电流 /A</td><td>U 相</td><td>V 相</td><td>W 相</td></tr>
<tr><td></td><td></td><td></td></tr>
<tr><td rowspan="2">电动机缺相运行状态电流 /A</td><td>U 相</td><td>V 相</td><td>W 相</td></tr>
<tr><td></td><td></td><td></td></tr>
</table>

三、了解井道照明线路施工有关工序要求

1. 线管固定的有关工艺要求

（1）认识线管固定的材料，根据下表中的图示填写线管固定材料的名称。

线管固定材料

图示	名称	图示	名称

		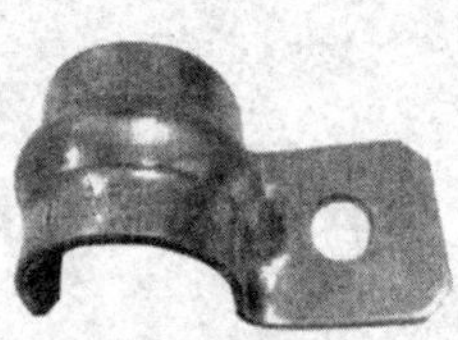	
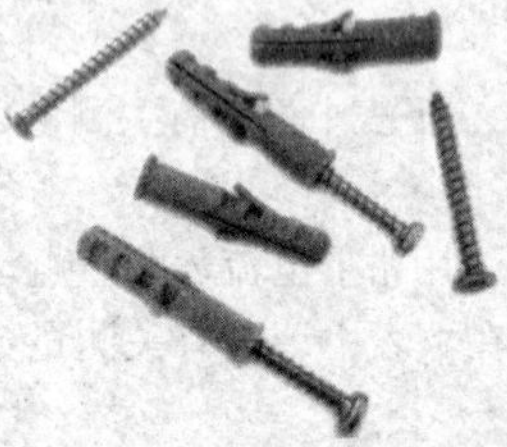		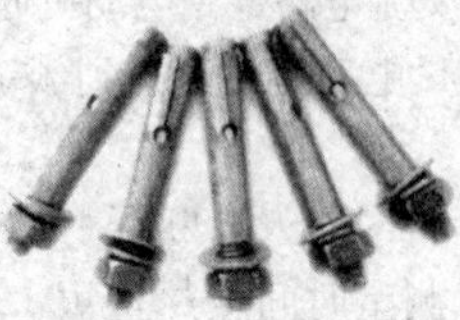	

（2）简述在井道照明工程施工工艺验收标准中对线管固定的规定。

2．线管内放线的工艺流程

线管内放线的工艺流程为：选择导线→穿带线→扫管→带护口→放线及断线→导线与带线的绑扎→管内穿线→导线连接→线路检查，绝缘摇测→接头包扎。

四、安装井道照明电路

按照井道照明平面图完成接线，应注意接线的要求。安装完成后，由指导教师检查电路的完整性和正确性后，方可通电测试电路功能。并将井道照明电路安装过程记录在下表中。

井道照明电路安装过程记录表

序号	项目	操作简图	项目内容	完成情况
1	识读井道照明安装电路图	S1 S2 L N 井道灯	（1）认识图中的字母代号和图形符号的意义 （2）根据图形符号和字母代号选择对应元器件 （3）找出元器件接线柱的位置在图中的点位	（1）□完成 □未完成 （2）□完成 □未完成 （3）□完成 □未完成
2	检查物料		（1）检查工具是否安全可靠 （2）检查元器件、材料是否符合要求	（1）□完成 □未完成 （2）□完成 □未完成
3	勘察现场，设置安全护栏和警示牌		检查施工通告牌设置情况，勘察现场是否符合施工要求，并在层门及底坑入口处设置安全护栏和警示牌	□完成 □未完成

续表

序号	项目	操作简图	项目内容	完成情况
4	根据井道灯布置图，确定元器件现场安装位置	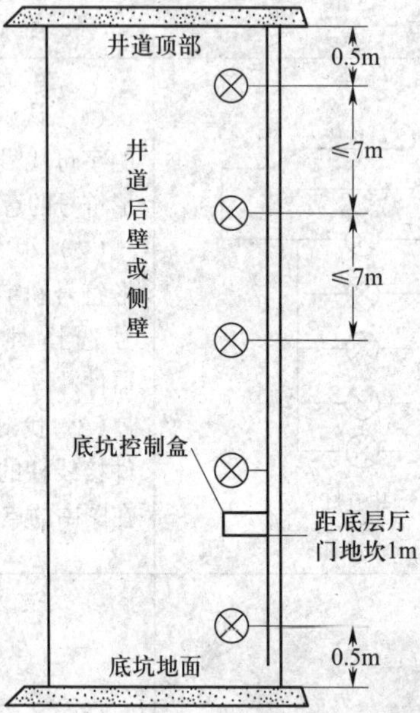 井道顶部 0.5m ≤7m 井道后壁或侧壁 ≤7m 底坑控制盒 距底层厅门地坎1m 0.5m 底坑地面	（1）选择层门正对的井道内壁 （2）在井道顶部用卷尺测得该内壁右侧100 mm，过该点用墨斗弹一铅垂线（可分段弹） （3）用卷尺测得距井道顶500 mm、底坑地面500 mm、中间每隔7 000 mm等若干点 （4）在铅垂线上测得的若干点上画中心线 （5）用卷尺测得距底层厅门地坎下1 000 mm处与铅垂线交点画中心线 （6）以上中心点位置偏差不大于5 mm	（1）□完成 □未完成 （2）□完成 □未完成 （3）□完成 □未完成 （4）□完成 □未完成 （5）□完成 □未完成 （6）□完成 □未完成
5	固定接线盒、线管		（1）以中心线为基准，固定各个接线盒（用冲击钻打孔，用塑料膨胀螺钉固定） （2）用尖嘴钳打开接线盒预留穿管孔 （3）按两端接线盒的距离锯切线管，并穿入接线盒（线管沿铅垂线固定，每隔800 mm在线管上固定一线卡）	（1）□完成 □未完成 （2）□完成 □未完成 （3）□完成 □未完成

续表

序号	项目	操作简图	项目内容	完成情况
6	导线穿管	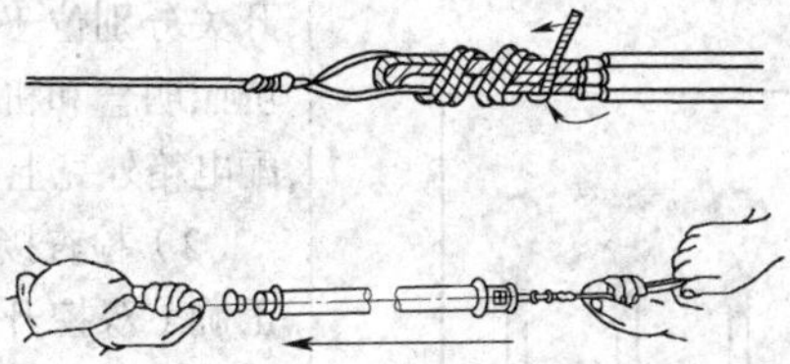	（1）检查导线的型号及数量 （2）将导线的线芯与穿线管紧密连接 （3）在穿线管的牵引下把导线穿入线管内 （4）导线在接线盒内留出 200 mm 余量 （5）做好线头保护，进行导线绝缘测试	（1）□完成 □未完成 （2）□完成 □未完成 （3）□完成 □未完成 （4）□完成 □未完成 （5）□完成 □未完成
7	安装井道内灯具	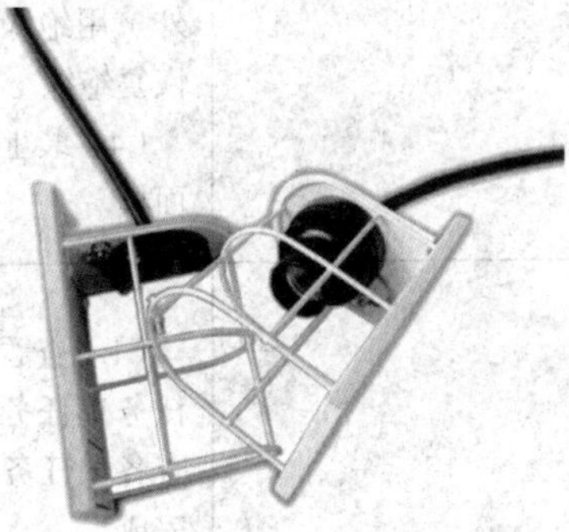	（1）检查井道灯具 （2）从接线盒引出的两根导线上各并联一根导线接入井道灯接线柱（灯座螺纹接零线，另一根接灯座中心部） （3）用绝缘胶带恢复导线绝缘 （4）将井道灯固定在接线盒上	（1）□完成 □未完成 （2）□完成 □未完成 （3）□完成 □未完成 （4）□完成 □未完成
8	安装底坑照明盒		（1）检查底坑照明盒是否完好 （2）以底坑照明盒中心点为基准，画出底坑照明盒轮廓线 （3）以轮廓线为基准，固定底坑照明盒（轮廓线位置偏差不大于 5 mm）	（1）□完成 □未完成 （2）□完成 □未完成 （3）□完成 □未完成

续表

序号	项目	操作简图	项目内容	完成情况
9	按接线图接线	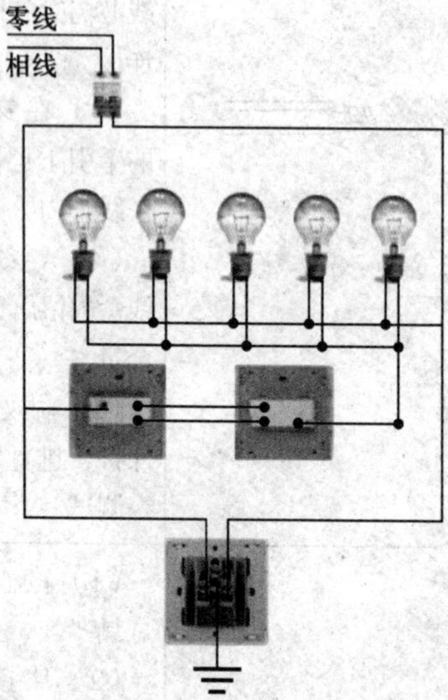	（1）按照接线图所示，将导线连接至各接线柱（注意：两双控开关分别位于底坑照明盒和机房配电箱外壳上） （2）检查接线正确（双控开关“L1”“L2”为控制线、插座接线遵循“左零右相上接地”、螺口灯座螺纹处连零线） （3）导线连接处（接线柱除外）用绝缘胶带恢复绝缘 （4）装上开关面板	（1）□完成 □未完成 （2）□完成 □未完成 （3）□完成 □未完成 （4）□完成 □未完成
10	施工后自检	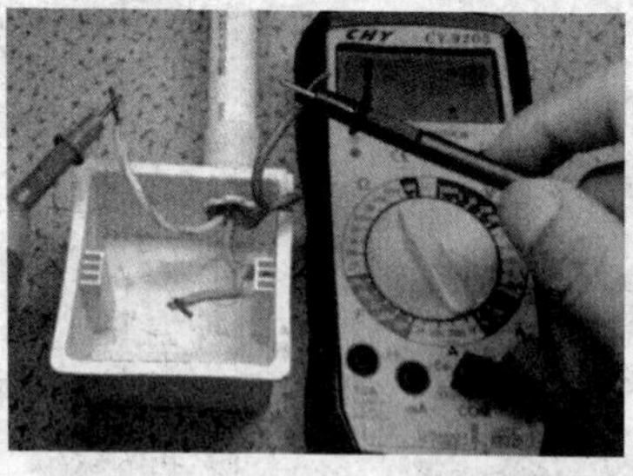	（1）查看施工任务单任务，检查各项任务是否完成 （2）检查各项任务是否按规范要求完成，依据技术交底记录，检查施工质量，记入施工质量自检表中 （3）取下灯泡，进行通电前绝缘测试 （4）符合通电试运行条件，进行分回路试通电	（1）□完成 □未完成 （2）□完成 □未完成 （3）□完成 □未完成 （4）□完成 □未完成

续表

序号	项目	操作简图	项目内容	完成情况
11	清理施工场地，清点工具		（1）清理施工作业现场 （2）清点回收所用工具 （3）对使用完毕的工具进行适当的清洁和整理，检查工具的完好性，如有损坏及时填写工具设备、设施报修单并将工具归还	（1）□完成 □未完成 （2）□完成 □未完成 （3）□完成 □未完成
12	安装验收		组织验收小组依据井道照明线路安装规范进行验收，填写井道照明及插座安装验收表中	□完成 □未完成

施工质量自检表

项目	灯具	插座	开关	照明控制箱
各部件位置、尺寸				
接线端子可靠性				
维修预留长度				
导线绝缘的损坏情况				
接线的牢固程度				
接线的正确性				
美观协调性				

利用万用表进行电气检测，并做记录

项目	阻值	备注
底坑照明支路的电阻		
插座支路的电阻		

分支路通电试运行，对运行结果做记录

支路	运行结果
井道照明支路	
插座支路	

井道照明及插座安装验收表

单位工程名称			安装人员	
验收单位（房号）			验收日期	年　月　日
施工执行标准名称及编号				
施工质量验收项目			检查评定记录	整改意见
主控项目	1	照明开关的选用、开关的通断位置	□合格　□不合格	
	2	插座的固定	□合格　□不合格	
	3	灯具的固定	□合格　□不合格	
一般项目	1	照明开关的安装位置、控制顺序	□合格　□不合格	
	2	插座安装和外观检查	□合格　□不合格	
	3	灯具的外形、灯头及其接线检查	□合格　□不合格	
施工单位检查评定结果：			参加检查人员签字：	
			施工单位质量检查员（签章）：	
监理（建设）单位验收结论：			参加检查人员签字： 年　月　日	
			监理工程师（签章）： 年　月　日	

安装工作结束后，电梯安装作业人员应确认所有部件和功能是否正常。安装作业人员应会同客户对电梯井道照明及插座进行检查，确认所委托的安装工作已全部完成，并达到客户的安装要求。

五、拓展学习井道照明线路常见故障现象与处理方法

对井道照明线路进行检测的重点在于灯具故障的检查，按照下表中所述的故障现象，进行井道照明故障的检查并处理，将有关内容记录在表格中。

井道照明常见故障现象与处理方法

序号	故障现象	检查内容	查验情况	处理方法
1	灯不亮	检查灯具是否正常		
		检查电源进线有无电压		
		检查漏电保护器是否正常		
		检查灯座是否松动		
		检查双控开关之间的接线连接有无错误		
		检查灯具与双控开关的连接线是否连接牢固		

续表

序号	故障现象	检查内容	查验情况	处理方法
2	灯不亮，开关合上会跳闸	电源短路，检查灯泡灯座的接线是否错误		
3	灯时亮时不亮	接触不良，检查电路各连接处		
4	灯亮却不由双控开关进行控制	检查双控开关之间的接线是否连接牢固		
5	插座无电	检查插座接线是否正常		
6	漏电现象	检查相线绝缘是否损坏而接地、用电设备内部绝缘是否损坏		
其他情况说明：				

学习活动5　工作总结与评价

学习目标

1. 每组能派代表展示工作成果，说明本次任务的完成情况，进行分析总结。

2. 能结合任务完成情况，正确规范地撰写工作总结。

3. 能就本次任务中出现的问题提出改进措施。

4. 能对学习与工作进行反思总结，并能与他人开展良好合作，进行有效沟通。

建议学时　6学时

学习过程

一、个人、小组评价

以小组为单位，选择演示文稿、展板、海报、视频等形式中的一种或几种，向全班展示、汇报工作成果。在展示的过程中，以小组为单位进行评价；评价完成后，根据其他小组对本组展示成果的评价意见进行归纳总结。

汇报思路设计：

其他小组的评价意见：

二、教师评价

认真听取教师对本小组展示成果优缺点以及在完成任务过程中出现的亮点和不足的评价意见，并做好记录。

1．教师对本小组展示成果优点的点评。

2．教师对本小组展示成果缺点及改进方法的点评。

3．教师对本小组在整个任务完成过程中出现的亮点和不足的点评。

三、工作过程回顾及总结

1．在团队学习过程中，项目负责人给你分配了哪些工作任务？你是如何完成的？还有哪些需要改进的地方？

2．总结完成电梯井道照明及插座安装任务过程中遇到的问题和困难，列举 2 ~ 3 点你认为比较值得和其他同学分享的工作经验。

3．回顾本学习任务的工作过程，对新学到的专业知识和技能进行归纳与整理，撰写工作总结。

____

____

____

____

____

____

____

____

评价与分析

按照客观、公正和公平的原则，在教师的指导下按自我评价、小组评价和教师评价三种方式对自己或他人在本学习任务中的表现进行综合评价。综合等级按 A（90 ～ 100）、B（75 ～ 89）、C（60 ～ 74）、D（0 ～ 59）四个级别进行填写。

学习任务综合评价表

考核项目	评价内容	配分（分）	评价分数		
			自我评价	小组评价	教师评价
职业素养	安全防护用品穿戴完备，仪容仪表符合工作要求	5			
	安全意识、责任意识强	6			
	积极参加教学活动，按时完成各项学习任务	6			
	团队合作意识强，善于与人交流和沟通	6			
	自觉遵守劳动纪律，尊敬师长，团结同学	6			
	爱护公物，节约材料，管理现场符合 6S 标准	6			
专业能力	专业知识扎实，有较强的自学能力	10			
	操作积极，训练刻苦，具有一定的动手能力	15			
	技能操作规范，遵循安装工艺，工作效率高	10			
工作成果	井道照明及插座安装符合工艺规范，安装质量高	20			
	工作总结符合要求	10			
总分		100			
总评	自我评价 ×20%+ 小组评价 ×20%+ 教师评价 ×60%=	综合等级	教师（签名）：		

学习任务三　机房照明及插座安装

学习目标

1. 能通过识读机房照明及插座安装工作任务单，明确工作任务。

2. 熟悉机房照明及插座安装基本知识，能正确识读机房照明安装平面图。

3. 能根据任务要求和施工图，勘察施工现场，进行设置施工通告牌及技术交底等开工前的必要准备工作。

4. 明确机房照明及插座的安装流程。

5. 能与项目组长进行专业沟通，根据机房照明及插座安装任务单的要求和实际情况，在项目组长的指导下制订工作计划。

6. 能正确使用机房照明线路安装工具进行布线施工。

7. 能按图样、工艺、安全规程要求，完成机房照明电路及插座的安装。

8. 能正确填写施工质量自检表，并交付验收。

9. 能拓展学习荧光灯电路常见故障现象与处理方法，学习维修技能。

10. 能对机房照明及插座安装过程进行总结与评价。

60 学时

工作情境描述

我市某电梯公司接到一新建小区 112 台电梯的安装任务，目前已经完成了轿厢和对重机械部分的安装，且随行电缆已连接到机房，现需要进行电梯机房照明及插座的安装。电梯安装作业人员从项目组长处领取安装任务单，要求采用小组合作的方式，在 3 天内完成安装任务，并交付验收。

工作流程与活动

学习活动 1　明确工作任务（6 学时）

学习活动 2　安装前的准备工作（30 学时）

学习活动 3　制订工作计划（6 学时）

学习活动 4　线路安装及验收（12 学时）

学习活动 5　工作总结与评价（6 学时）

学习活动 1　明确工作任务

学习目标

1. 能通过识读机房照明及插座安装任务单，明确工作任务。

2. 熟悉机房照明及插座安装基本知识。

3. 能正确识读机房照明安装平面图。

建议学时　6 学时

学习过程

一、接受任务单，明确工作任务

电梯安装作业人员从项目组长处领取机房照明及插座安装任务单，明确安装项目、时间、人员及地点及内容。

机房照明及插座安装任务单

合同编号	EE21672A		
使用单位	正华物业管理公司	联系人	王振海
工程地址	建工路 2 号	联系电话	157×××××××
施工类别	☑安装　☐调试　☐维修　☐改造		
施工日期	共 3 天，从____年____月____日到____年____月____日		
电梯型号	TKJ1000/1.6–JXW	台数	112
施工人员			
负责人			

续表

施工说明	我市某电梯公司接到一新建小区 112 台电梯的安装任务，该项目准备在 9 个月后开工，因该企业人员不足、工期紧、任务重，现需要我校对该项目进行安装支持。因我校学生刚入学，尚未掌握相关专业知识和安全技能，需对我校电梯工程技术专业学生进行上岗前培训，在培训合格后，选取优秀学生去企业协助完成机房照明及插座安装任务。 本次培训拟在我校电梯照明实训场地完成。安装过程需遵循《电梯制造与安装安全规范》[GB 7588—2003（2015）] 中“13.6 照明与插座”及《电梯安装验收规范》（GB/T 10060—2011）中“5.4.7 紧急照明”和“5.4.10 通风及照明”的要求，确保机房照明及插座工作正常，满足上述规范要求。
电梯机房照明安装电路图	N L S1 S2

二、认识电梯机房照明

依据电梯实际条件，通过查阅相关资料，学习电梯机房、照明及插座等相关知识。

1．简述电梯机房（见下图）及滑轮间的定义。

电梯机房

2．写出下表中灯具及其他元器件的名称。

灯具及其他元器件

图示	名称	图示	名称
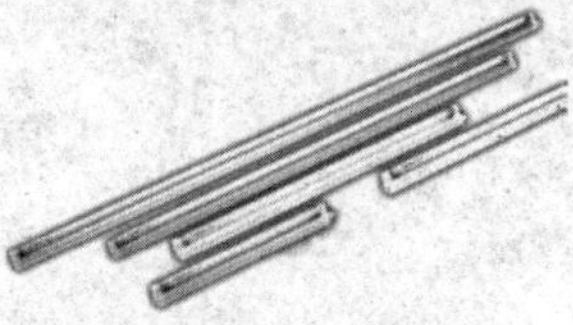		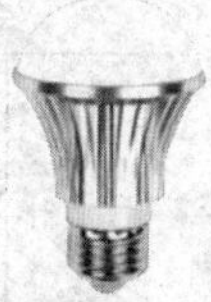	
		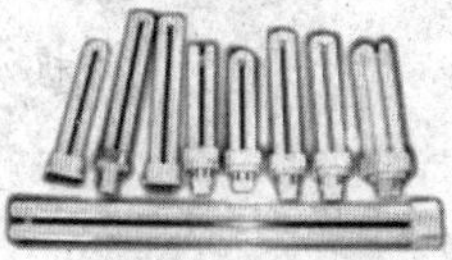	

		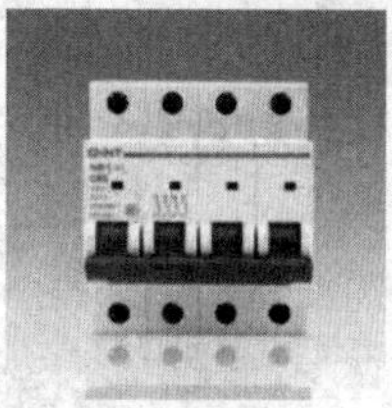	
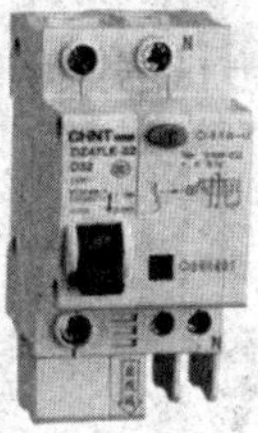			

3．查阅资料，简述机房照明安装规范要求。

三、识读机房照明线路图

1．下图为常见的机房照明电路图，试简述机房照明元器件之间的相互关系。

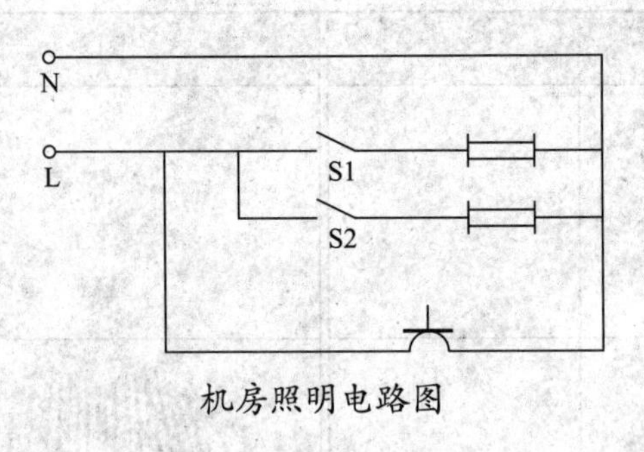

机房照明电路图

2．识读机房照明安装平面图，指出照明元器件的安装位置，并列出机房照明元器件名称、型号及规格、数量，完成如下表格的填写。

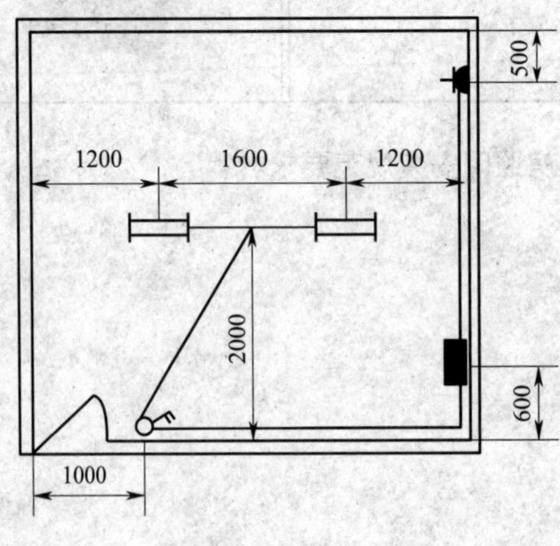

机房照明安装平面图

机房照明元器件清单

序号	元器件名称	型号及规格	图形符号	数量	备注
1					
2					
3					
4					
5					
6					
7					
8					
9					
10					
11					
12					
13					

3．绘制机房照明线路接线图，明确元器件连线方式。

学习活动 2　安装前的准备工作

学习目标

1. 能根据安装任务单，通过扫描二维码学习和查阅相关资料，掌握三相交流电相关知识。

2. 熟悉荧光灯电路的工作原理，能进行荧光灯 RL 串联电路的安装。

3. 能进行线槽配线。

4. 熟悉配电箱的结构，能进行配电箱的安装。

5. 熟悉漏电保护器的结构，能进行漏电保护器的安装。

6. 熟悉接地电阻仪的使用方法，能使用接地电阻仪测量接地电阻。

7. 熟悉机房照明线路的安装要求。

8. 能通过现场勘察，了解施工现场情况。

9. 能进行设置施工通告牌及技术交底等开工前的必要准备工作。

建议学时　30 学时

学习过程

一、获取三相交流电相关知识

扫描下表中的二维码，获取三相交流电相关知识。

三相交流电相关知识

1．三相交流电的认知	
2．三相交流电路电压的测量	
3．三相交流电的负载连接方式	

二、了解荧光灯电路基本知识

1．认识电感

（1）认识电感的结构及符号，根据实物图和符号填写下表中电感的名称。

电感认知表

实物	名称	符号

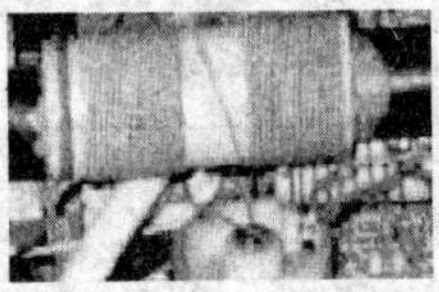		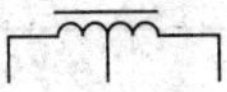

（2）简述电感及电感品质因数的定义。

（3）简述感抗的定义。

（4）简述电感的感抗与频率的关系。

2．认知纯电感交流电路

（1）了解下表里纯电感交流电路中电压与电流的关系。

纯电感交流电路中电压与电流的关系

	纯电感交流电路相量图	纯电感交流电路图	纯电感交流电路波形图
图形	$\dot{U}_L$ $\dot{I}$	i u_L L	u_L,i u_L 电压超前电流90° i O π 2π ωt p + − π 2π ωt
说明	在纯电感电路中，电感两端的电压比电流超前90°，即电流比电压滞后90°	由电阻很小的电感线圈组成的交流电路，可以近似地看成纯电感电路	电流与电压的有效值之间符合欧姆定律：$I=U/X_L$

（2）认识无功功率，完成下表相关符号的填写。

无功功率认知表

名称	符号	物理意义	国际单位符号	计算公式
无功功率		无功功率并不是“无用功率”，无功的实质是指能量发生互逆转换，而元件本身并没有消耗电能		$Q_L=U_LI=I^2X_L=U_L^2/X_L$

3．认识荧光灯电路

认识下表中荧光灯电路的组成，学习各元件结构、工作原理及常见故障，掌握荧光灯的工作原理。

荧光灯电路认知表

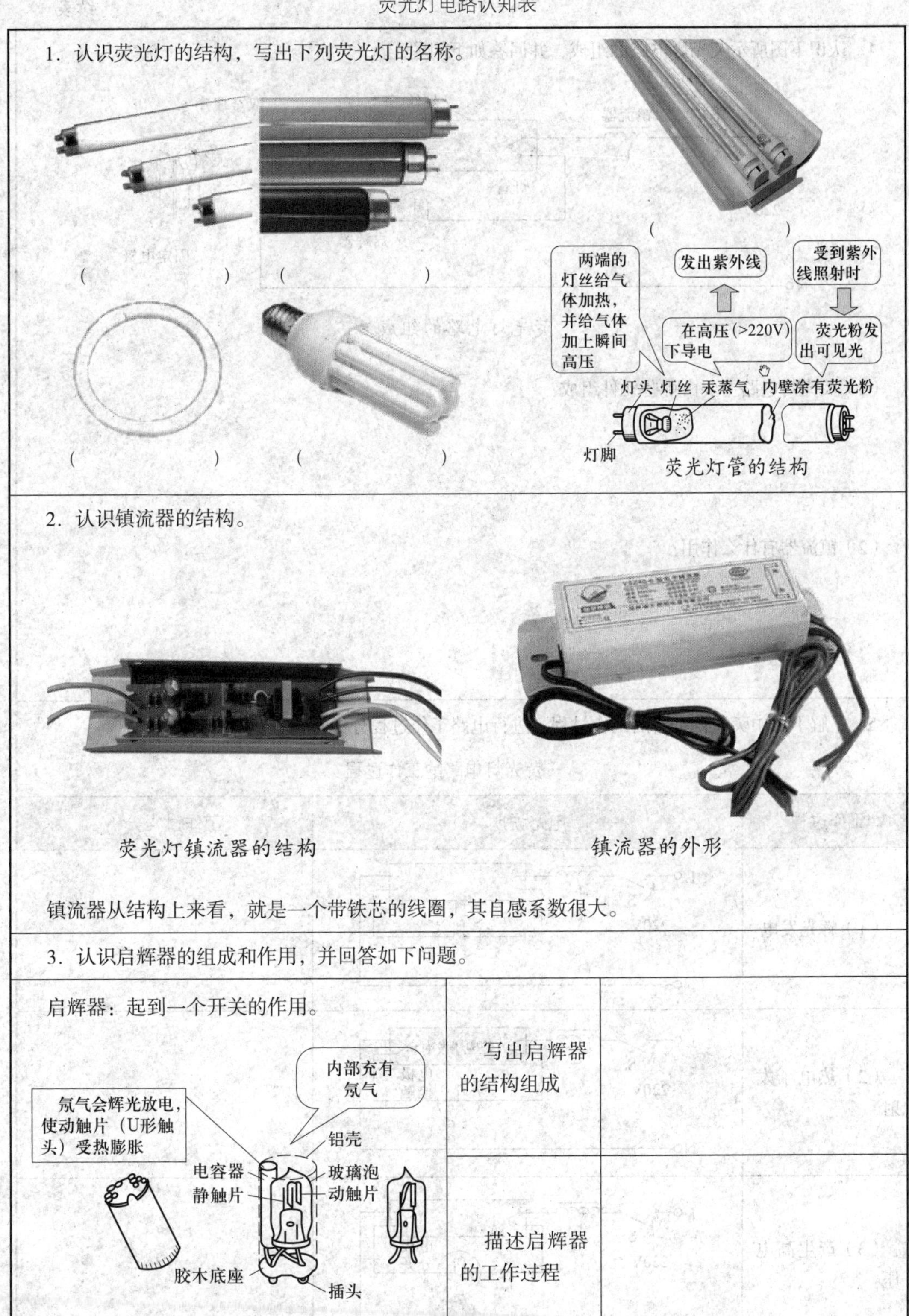

1. 认识荧光灯的结构，写出下列荧光灯的名称。

（　　　　　　）（　　　　　　）（　　　　　　）

（　　　　　　）（　　　　　　）

荧光灯管的结构

2. 认识镇流器的结构。

荧光灯镇流器的结构　　　　镇流器的外形

镇流器从结构上来看，就是一个带铁芯的线圈，其自感系数很大。

3. 认识启辉器的组成和作用，并回答如下问题。

启辉器：起到一个开关的作用。

启辉器的组成

写出启辉器的结构组成	
描述启辉器的工作过程	

续表

4．认识下图所示荧光灯电路的组成，并回答如下问题。

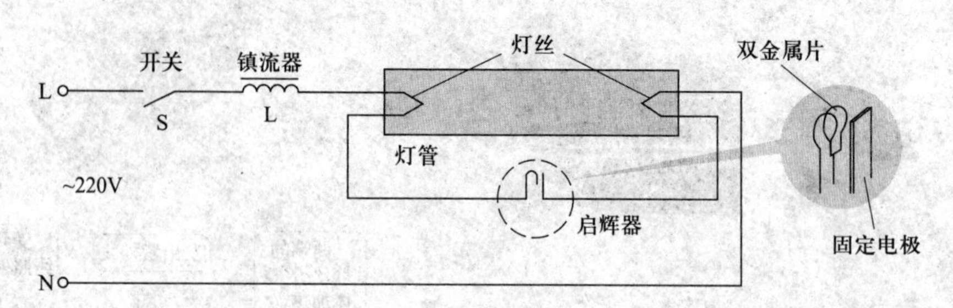

荧光灯电路的组成

（1）荧光灯电路主要由哪些元件组成？

（2）镇流器有什么作用？

5．了解下表中荧光灯电路的工作过程，进行电路工作过程分析。

荧光灯电路的工作过程

工作过程	电路说明	工作过程分析
（1）辉光发电	L S L ~220V N	
（2）热电子发射	L S L ~220V N 热电子发射 电极接触	
（3）产生高电压	L S L ~220V N 电极分开	

续表

工作过程	电路说明	工作过程分析
（4）荧光灯点亮	L　S　L　放电　~220V　N	

4．安装荧光灯 RL 串联电路

根据右图所示荧光灯 RL 串联电路接线示意图，安装荧光灯 RL 串联电路。

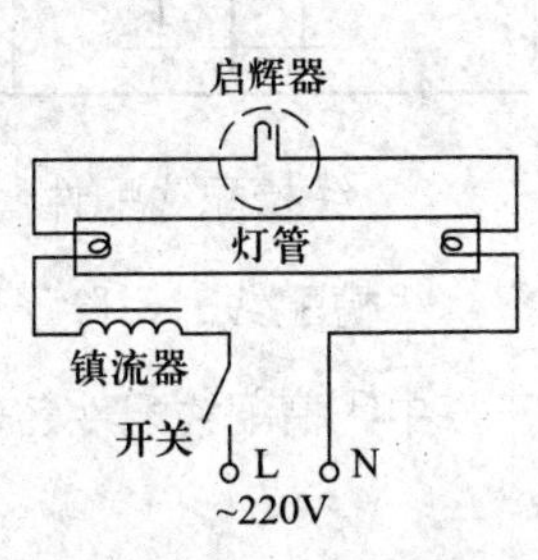

荧光灯 RL 串联电路接线示意图

三、认知线槽配线

随着我国社会生活水平的提高和人们住房条件的不断改善，家用电气设施不断更新，老式配线方式正逐步被新型配线方式和新型材料所替代。下面以塑料线槽为例进行相关知识的介绍。

1．塑料线槽配线的适用场合

塑料线槽布线方式适用于公共建筑或民用建筑中无法安装暗配线的工程中，也适用于工程改造更换线路以及弱电线路吊顶内暗敷等场所使用。

塑料线槽一般由硬聚氯乙烯工程塑料挤压成形，由_____和_____组合而成，每根长_____m。塑料线槽具有阻燃、质量轻的特点，安装、维修比较方便。

2．塑料线槽的选用原则

按 806 系列塑料线槽的宽度来分，塑料线槽有_____mm、_____mm、_____mm 和_____mm 四种规格，其中宽 25 mm 塑料线槽的槽底有下图所示两种形式：一种为普通型，底为平面；另一种底有两道隔楞，即三槽线。20 mm 宽度的塑料线槽用于_______线路敷设，40 mm、60 mm、80 mm 宽度的塑料线槽用于________线路敷设。

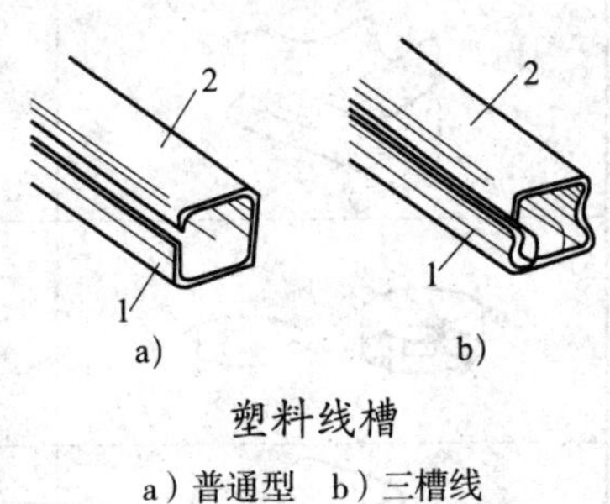

a)　　b)

塑料线槽

a）普通型　b）三槽线

1—槽底　2—槽盖

3．塑料线槽的配线工法

塑料线槽应先敷设槽底，可埋好木榫，用木螺钉固定槽底，也可用塑料胀管来固定槽底。各种塑料线槽的敷设见下表，试填写其配线工法。

塑料线槽敷设及其配线工法

塑料线槽敷设	配线工法	塑料线槽敷设	配线工法

4．线槽配线配件

线槽配线时，除了需要线槽之外，还需要一些配件来辅助完成配线。查阅资料，完成下表中线槽配线配件名称的填写。

线槽配线配件

线槽配线配件	名称	线槽配线配件	名称

5．线槽配线

塑料线槽应根据线槽截面积配线，见下表。

线槽配线

单芯导线截面积 /mm²	塑料线槽截面积 /mm²				
	敷设 2 根单芯导线	敷设 3 根单芯导线	敷设 4 根单芯导线	敷设 5 根单芯导线	敷设 6 根单芯导线
1	25	25	25	25	25
1.5	25	25	25	25	25
2.5	25	25	25	25	25
4	25	25	25	25	40
6	25	25	25	40	40
10	25	40	40	40	40
16	40	40	40	40	40
25	40	40	60	60	80
35	40	40	60	80	80

6．线槽的安装要求

线槽的安装要求如下：线槽应______，无______，内壁______；线槽接口应______，接缝处______，槽盖装上后应_______、无翘脚，出线口的位置准确；线槽的所有拐角均应相互连接。

7．线槽内配线的要求

线槽内配线的要求如下：线槽配线前，应清除线槽内的污物；在同一线槽内包括绝缘在内的导线截面积总和应不超过内部截面积的_______；线缆的布放应______，不得产生__________________、__________________等现象，不应受到外力的______和损伤。

8．简述线槽敷设安装流程。

9．接线桩与导线的连接方法

在电气装置上一般都会有连接导线的接线桩，常用的接线桩有针孔式、螺钉平压式和瓦形这三种，下面介绍导线与接线桩的接线方法，也主要是针对这三种接线桩来接线的。

（1）单股芯线与针孔式接线桩的连接

单股芯线与针孔式接线桩连接时，最好按要求的长度将线头折成双股并排插入针孔，使压接螺钉顶紧在双股芯线的中间。如果线头较粗，双股芯线插不进针孔，也可将单股芯线直接插入，但单股芯线在插入针孔前应朝着针孔上方稍微弯曲，以免压紧螺钉稍有松动，线头就会脱出。右图所示为单股芯线与针孔式接线桩的连接。

无论是单股芯线还是多股芯线，线头插入针孔时必须插到底，导线绝缘层不得插入针孔内，针孔外的裸线头长度不得超过 3 mm。凡是有两个压紧螺钉的，应先拧紧靠近孔口的一个，再拧紧靠近孔底的一个。

将单股芯线折成双股进行连接

将单股芯线插入连接

单股芯线与针孔式接线桩的连接

（2）单股芯线与螺钉平压式接线桩的连接

单股芯线与螺钉平压式接线桩的连接是用半圆头、圆柱头或六角头螺钉加垫圈将线头压紧完成连接的。对载流量较小的单股芯线，先将线头弯成压接圈（俗称羊眼圈），再用螺钉压紧。为保证线头与接线端子（接线桩）有足够的接触面积，日久不会松动或脱落，压接圈必须弯成圆形。下图所示为单股芯线与螺钉平压式接线桩的连接。

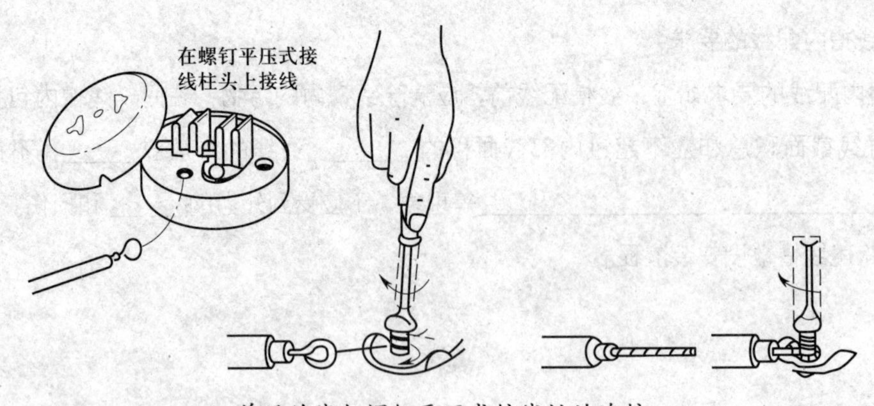

单股芯线与螺钉平压式接线桩的连接

对于横截面积不超过 10 mm^2 的七股及以下多股芯线，首先把离绝缘层根部约 1/2 长的芯线重新绞紧，越紧越好。将绞紧部分的芯线在离绝缘层根部 1/3 处向左外侧折角，然后弯曲成圆弧；当圆弧弯曲得将成圆圈（剩下1/4）时，应将余下的芯线向右外折角，然后使其成圆形，捏平余下线端，使两端芯线平行，把散开的芯线按2根、2根、3根分成三组，将第一组2根芯线扳起，垂直于芯线（要留出垫圈边宽），按七股芯线直线对接的自缠法加工。对于横截面积超过10 mm^2 的七股以上软导线端头，应安装接线耳。下图所示为单股芯线压接圈弯法。

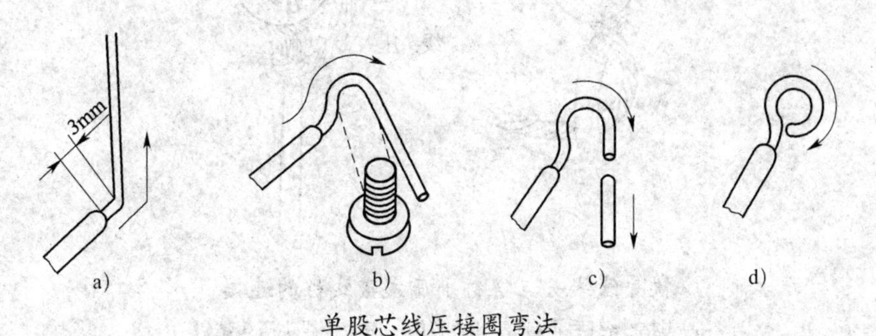

单股芯线压接圈弯法

a）离绝缘层根部约3 mm处向外侧折角　b）按略大于螺钉直径弯曲圆弧

c）剪去芯线余端　d）修正圆圈成圆

压接圈与接线端子（接线桩）连接的工艺要求是：压接圈和接线耳的弯曲方向与螺钉拧紧方向应一致；连接前应清除压接圈、接线耳和垫圈上的氧化层及污物，然后将压接圈或接线耳放在垫圈下面，用适当的力矩将螺钉拧紧，以保证接触良好。压接时不得将导线绝缘层压入垫圈内。下图所示为多股芯线压接圈弯法。

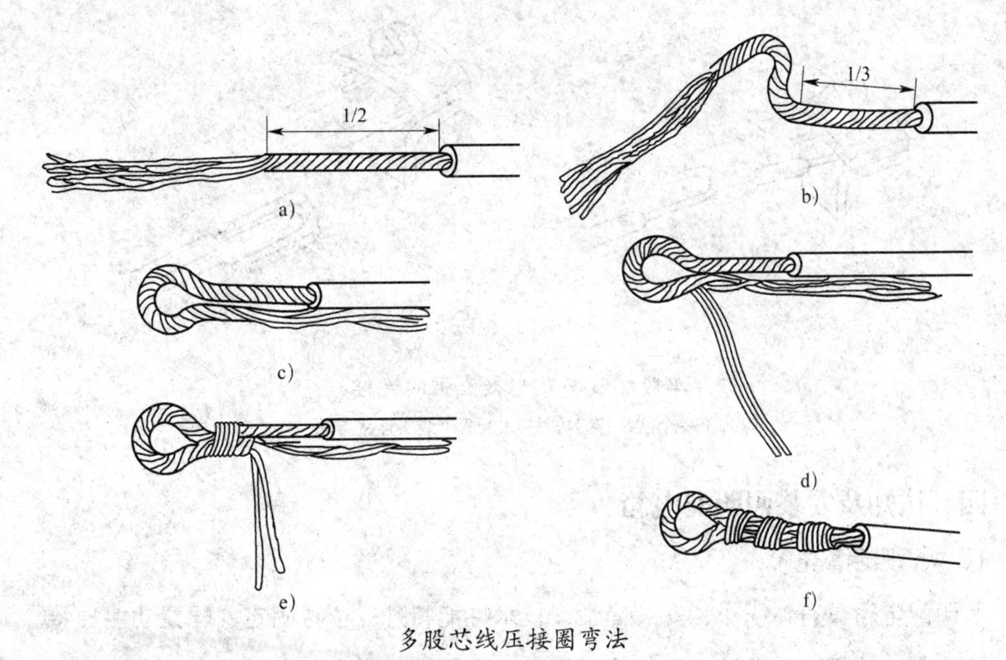

多股芯线压接圈弯法

a）将1/2导线绞紧　b）在1/3处向左外折角，弯曲　c）向右外折角成圆形，两端导线平行

d）按2、2、3根分成三组，第一组导线扳起　e）按7股导线直线对接的自缠法加工　f）成形

软导线线头也可用螺钉平压式接线桩连接。软导线线头与压接螺钉之间的绕接要求与上述多股芯线压接方法相同。下图所示为软导线线头与螺钉平压式接线桩的连接。

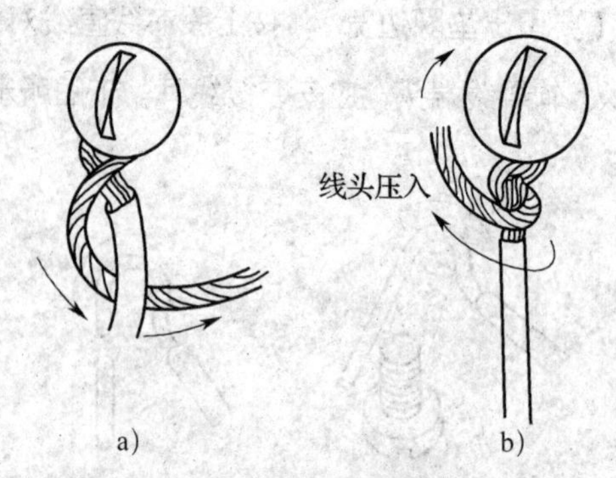

软导线线头与螺钉平压式接线桩的连接

a）围绕螺钉后再自缠　b）自缠一圈后，线头压入螺钉

（3）单股芯线与瓦形接线桩的连接

瓦形接线桩的垫圈为瓦形。为了保证线头不从瓦形接线桩内突出，压接前应先将已去除氧化层和污物的线头弯成U形，然后将其卡入瓦形接线桩内进行压接；如果需要把两个线头接入一个瓦形接线桩内，则应使两个弯成U形的线头重合，然后将其卡入瓦形垫圈下方进行压接。下图所示为单股芯线与瓦形接线桩的连接。

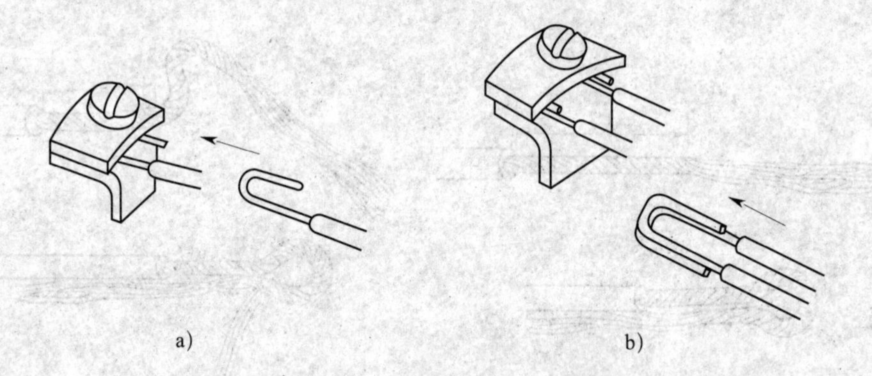

单股芯线与瓦形接线桩的连接

a）一个线头连接方法　b）两个线头连接方法

四、认知及安装照明配电箱

1．认识照明配电箱

照明配电箱具有体积小、安装简便、技术性能特殊、位置固定、配置功能独特、不受场地限制、应用比较普遍、操作稳定可靠、空间利用率高、占地少且具有环保效应的特点。

认识照明配电箱，完成下表中照明配电箱有关内容的填写。

照明配电箱认知表

<table>
<tr><td colspan="2">1. 简述照明配电箱的构成，回答下列问题。</td></tr>
<tr><td>用途</td><td>照明配电箱是低压供电系统末端负责完成电能控制、保护、转换和分配的设备。</td></tr>
<tr><td>组成</td><td>主要由__________、__________（包括______、______等）及箱体等组成。</td></tr>
<tr><td>电气参数</td><td>主电路额定工作电压为________V，额定电流为________A。</td></tr>
<tr><td>形式</td><td>有________和________两种。</td></tr>
<tr><td colspan="2">2. 指出图中照明配电箱的名称。
（　　　　）　（　　　　）　（　　　　）</td></tr>
<tr><td colspan="2">3. 简述放射式、树干式及链式动力配电系统的特点。</td></tr>
<tr><td colspan="2">4. 识读照明总配电箱的分配图。</td></tr>
<tr><td>（1）照明总配电箱：把引入建筑物的三相总电源分配至各楼层的配电箱</td><td>指出下面照明配电箱的配电系统连接方式。
总电源　3层　2层　1层　总配电箱　楼层配电箱
（　　）
总电源　3层　2层　1层　总配电箱　楼层配电箱
（　　）</td></tr>
</table>

续表

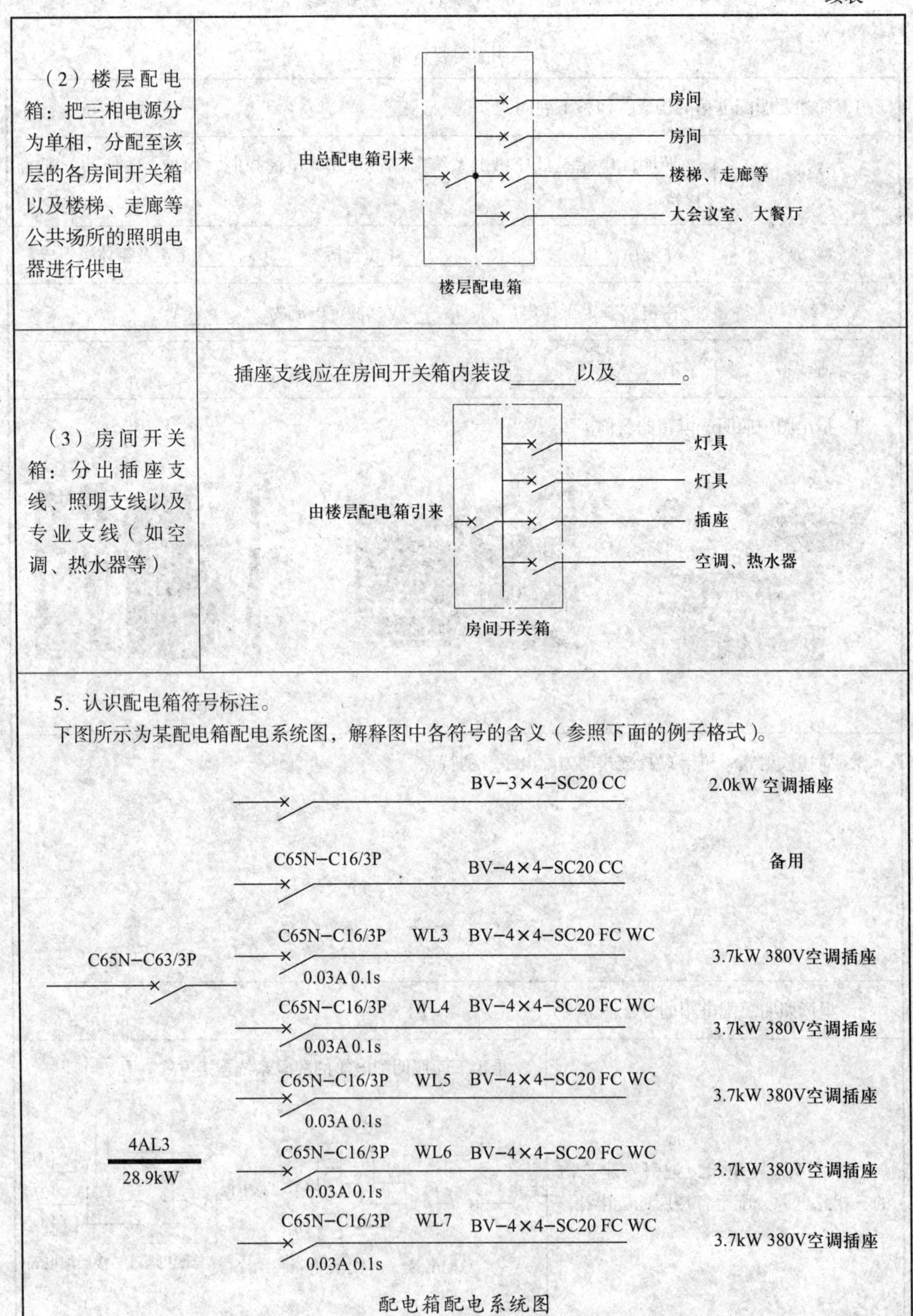

（2）楼层配电箱：把三相电源分为单相，分配至该层的各房间开关箱以及楼梯、走廊等公共场所的照明电器进行供电	由总配电箱引来 房间 房间 楼梯、走廊等 大会议室、大餐厅 楼层配电箱
（3）房间开关箱：分出插座支线、照明支线以及专业支线（如空调、热水器等）	插座支线应在房间开关箱内装设______以及______。 由楼层配电箱引来 灯具 灯具 插座 空调、热水器 房间开关箱

5．认识配电箱符号标注。

下图所示为某配电箱配电系统图，解释图中各符号的含义（参照下面的例子格式）。

配电箱配电系统图

续表

例如，C65N-C16/3P WL5 BV-4×4-SC20 FC WC 3.7 kW 380 V 空调插座，表示 WL5 回路中，断路器型号为 C65N，最大断路电流为 16 A，采用 4 根线芯截面积 4 mm^2 的铜芯聚氯乙烯绝缘电缆直接穿 20 mm 的钢管，暗敷设在地面内、墙内，负载大小为 3.7 kW，负载类型为空调插座。

2. 安装照明配电箱

根据下表所示施工要求安装照明配电箱。

照明配电箱安装表

1. 施工准备 （1）作业条件 1）墙体结构已弹出施工水平线。 2）随土建结构预留的暗装配电箱位置正确，大小合适。 （2）材料要求 动力配电箱、照明配电箱、低压配电柜的出厂合格证及厂家资质应齐全有效。 先进行外观检查。箱体应有一定的机械强度，周边平整无损伤，油漆无脱落。然后进行开箱检验。箱内各种器具应安装牢固，导线排列整齐，压接牢固，两层底板厚度不小于 1.5 mm，对各种断路器进行外观检验、调整及操作试验。 配电箱不应采用可燃材料制作。在干燥无尘的场所，采用的木质配电箱应经阻燃处理。 （3）主要安装工具 铅笔、卷尺、水平尺、方尺、线坠、锤子、錾子、剥线钳、尖嘴钳、压接钳、手电钻、液压开孔器、锡锅、锡勺、其他电工常用工具等。
2. 施工方法及措施 （1）工艺流程 准备配电箱安装条件→弹线定位→明（暗）装配电箱→绝缘摇测。 （2）操作工艺 1）准备配电箱安装条件。配电箱底边距地高度一般为 1.5 m。 配电箱内的接地应牢固良好。保护接地线的截面应按相关规定选择，并应与设备的主接地端子有效连接。注意：接地线不允许利用箱体、盒体串接。 2）弹线定位。根据设计要求找出配电箱的位置，并按照箱体外形尺寸进行弹线定位。

续表

3）安装配电箱。安装箱体：用铁架固定配电箱箱体；安装箱内盘芯：将导线理顺，分清支路和相序，并在导线末端标注，同时将保护接地线按要求压接牢固；安装箱盖：把箱盖安装在箱体上。 4）待配电箱内全部电器安装完毕后，用 500 V 兆欧表对线路进行绝缘摇测。摇测项目包括相线与相线之间、相线与零线之间、相线与地线之间、零线与地线之间。两人进行摇测，同时做好记录。
3．质量要求 配电箱箱体要横平竖直，无变形，按要求应与墙面平齐，跨接地线符合以下要求：SC40 以下钢管采用 ϕ6 mm 圆钢；SC50 至 SC70 钢管采用 ϕ10 mm 圆钢；SC70 以上钢管采用两根 ϕ10 mm 圆钢，作跨拉接地线，双面施焊，焊缝饱满，无夹渣现象，焊渣清除干净。箱内导线排列整齐成束，压接牢靠，符合要求。 下图所示为配电箱安装效果。 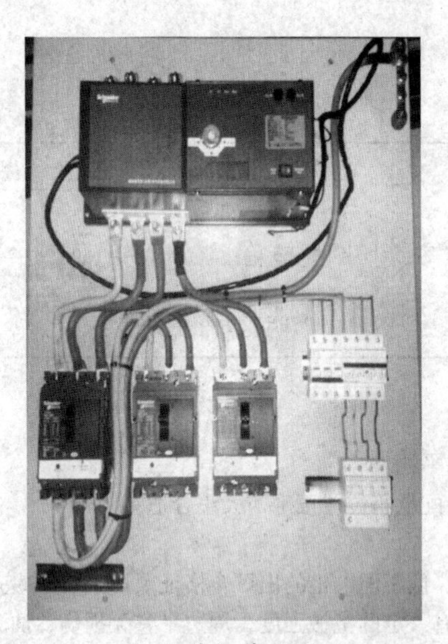 配电箱安装效果

3．电梯的配电设计原则

电梯的配电设计需遵循以下原则：

（1）电梯负荷分级要符合规范，依据规范判断属于一级负荷还是二级负荷。

（2）每台电梯应安装单独的隔离电器和保护电器。

（3）电梯轿厢内照明、通风以及电梯轿厢顶部的电源插座、报警装置的电源线需要另设隔离电器和保护电器，其电源可从该电梯的主电源开关前取得。

（4）有多回路进线的机房，每回路进线均应设隔离电器。

（5）电源配电箱应设在机房内便于维修和操作的地点，且宜设置箱内备用电源。

（6）电梯机房、滑轮间、电梯井道、底坑的照明及插座线路应与电梯分别配电。

（7）图样中建议注明以下内容：必须由电梯厂家对其负荷进行确认，满足设备要求方可施工。

五、认知及测量接地电阻

1．接地电阻仪是检验和测量接地电阻的常用仪表，也是电气安全检查与接地工程竣工验收不可缺少的工具。目前先进的接地电阻仪能满足所有接地测量要求。

认识下表图示的接地电阻仪，根据实物图，填写接地电阻仪的名称。

接地电阻仪认知表

图示	名称	图示	名称

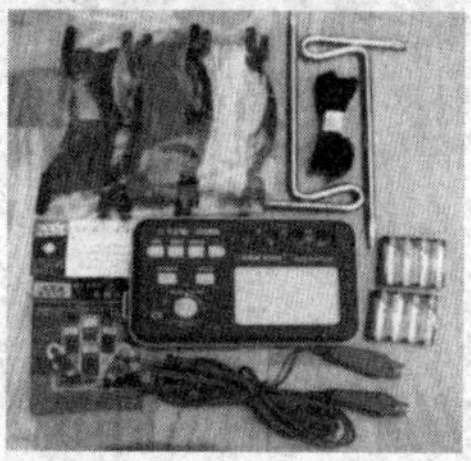		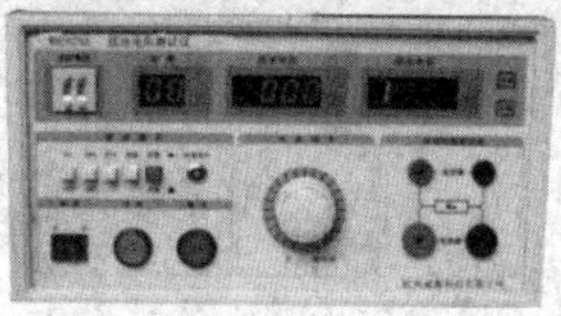	

2．简述接地电阻仪的使用要求。

3．简述接地电阻的测量要求。

4．接地电阻仪接线方式的规定

测量接地电阻时，将接地电阻仪的 E 端钮接 5 m 导线，P 端钮接 20 m 导线，C 端钮接 40 m 导线。导线的另一端分别接被测物接地极 E'、电位探棒 P' 和电流探棒 C'，且 E'、P'、C' 应保持为直线状态，其间距为 20 m。

（1）测量大于等于 1 Ω 接地电阻时的接线图

如下图所示，将接地电阻仪上两个 E 端钮连接在一起。

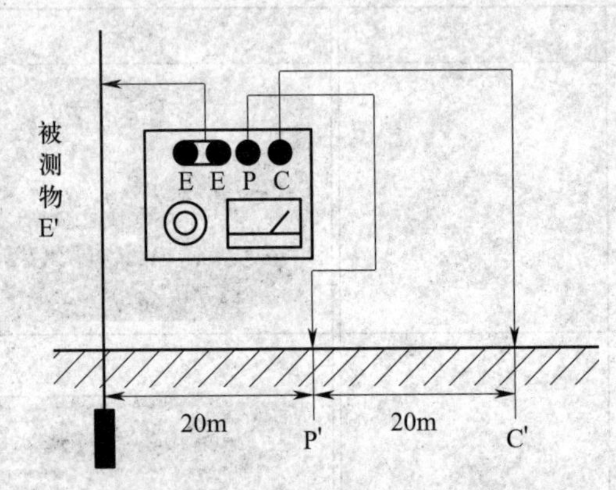

测量大于等于 1 Ω 接地电阻时的接线图

（2）测量小于 1 Ω 接地电阻时的接线图

如下图所示，将接地电阻仪的 2 个 E 端钮导线分别连接到被测物接地体上，以消除测量时连接导线电阻对测量结果引入的附加误差。

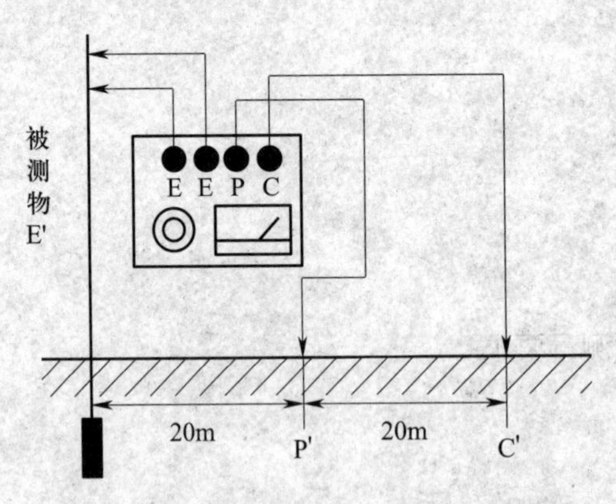

测量小于 1 Ω 接地电阻时的接线图

5．使用接地电阻仪测量接地电阻的操作要求

（1）接地电阻仪的仪表端所有接线连接应正确无误。

（2）接地电阻仪连线与接地极 E'、电位探棒 P' 和电流探棒 C' 应牢固接触。

（3）将接地电阻仪水平放置后，调整检流计的机械零位，使其归零。

（4）将倍率开关置于最大倍率，逐渐加大摇柄转速，使其达到 150 r/min。当检流计指针向某一方向偏转时，转动刻度盘，使检流计指针恢复指 0。此时刻度盘上的读数乘以倍率挡即为被测接地电阻值。

（5）若刻度盘读数小于 1 时，检流计指针仍未取得平衡，可将倍率开关置于更小挡，直至调节到完全平衡为止。

（6）如果发现仪表检流计指针有抖动现象，可改变摇柄转速，以消除抖动现象。

六、了解电梯机房照明安装有关问题

1．查阅相关国家标准及资料，回答下列问题。

（1）国家标准中对电梯机房照明安装位置有哪些要求?

（2）电梯机房照明线路中都有哪些元器件?

2．识读机房照明安装平面图，分清各个回路，在平面图中找到回路的组成，明确机房照明元器件的安装位置。

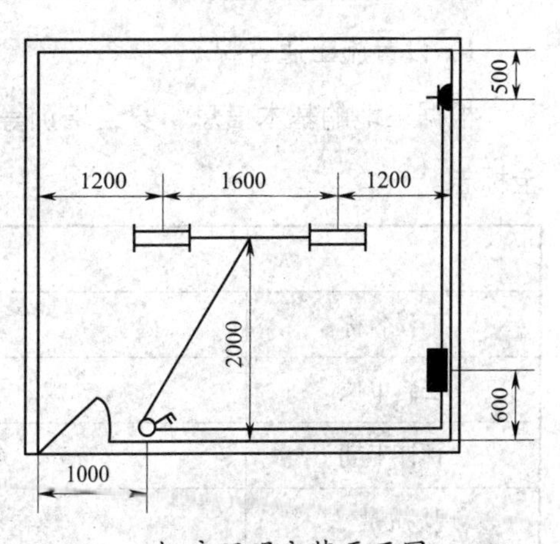

机房照明安装平面图

七、现场勘察

现场勘察施工条件，填写电梯安装施工现场勘察记录表。

施工现场勘察记录表

<table>
<tr><td>工程名称</td><td colspan="2"></td><td>工程地点</td><td colspan="2"></td></tr>
<tr><td>勘察时间</td><td colspan="2"></td><td>记录人</td><td colspan="2"></td></tr>
<tr><td>勘察内容</td><td colspan="5"></td></tr>
<tr><td rowspan="4">指出机房照明及插座位置</td><td colspan="2">机房照明位置</td><td colspan="3">□正确 □基本正确 □错误</td></tr>
<tr><td colspan="2">开关位置</td><td colspan="3">□正确 □基本正确 □错误</td></tr>
<tr><td colspan="2">插座位置</td><td colspan="3">□正确 □基本正确 □错误</td></tr>
<tr><td colspan="2">配电箱位置</td><td colspan="3">□正确 □基本正确 □错误</td></tr>
<tr><td rowspan="3">勘察结果确认</td><td colspan="5">上述勘察项目属实</td></tr>
<tr><td>代表（签字）</td><td>代表（签字）</td><td colspan="2">代表（签字）</td><td>代表（签字）</td></tr>
<tr><td>年 月 日</td><td>年 月 日</td><td colspan="2">年 月 日</td><td>年 月 日</td></tr>
</table>

八、设置施工通告牌及技术交底

1．设置施工通告牌

根据工地的基本信息、安全培训等内容，设计施工通告牌，张贴施工通告牌及相关安全标志。

<table>
<tr><td colspan="2">施工通告牌</td></tr>
<tr><td>工程名称</td><td></td></tr>
<tr><td>安装单位</td><td></td></tr>
<tr><td>预计工期</td><td>年 月 日至 年 月 日</td></tr>
<tr><td>现场负责人</td><td></td></tr>
</table>

2．技术交底

填写机房照明及插座安装技术交底记录单。

机房照明及插座安装技术交底记录单

<table>
<tr><td>学习任务</td><td>机房照明及插座安装</td><td>班组成员</td><td></td></tr>
<tr><td>交底部位</td><td>机房</td><td>交底日期</td><td></td></tr>
<tr><td colspan="4">（1）质量标准及执行规程规范</td></tr>
<tr><td colspan="4">（2）安全操作事项</td></tr>
<tr><td colspan="4">（3）操作要点及技术措施</td></tr>
<tr><td colspan="4">（4）其他注意事项</td></tr>
<tr><td>主要参加人员</td><td>项目技术负责人</td><td>交底人</td><td>交底接收人</td></tr>
<tr><td></td><td></td><td></td><td></td></tr>
<tr><td colspan="4">年　　月　　日</td></tr>
</table>

学习活动3　制订工作计划

学习目标

1. 能根据机房照明及插座安装任务单的要求和实际情况，在项目组长的指导下，明确机房照明及插座的安装流程。

2. 能根据机房照明及插座的安装流程，制订工作计划。

建议学时　6学时

学习过程

一、明确机房照明及插座的安装流程

熟悉机房照明及插座的安装流程，填写机房照明及插座安装流程表。

机房照明及插座安装流程表

1. 安装流程

机房照明及插座的安装流程包括：安装后清理现场、准备安装工具和材料、安装后自检、安装机房照明灯具、安装配电箱、现场勘察、安装验收、按接线图接线、敷设线槽、敷设导线等，按正确的顺序填在下面的框中。

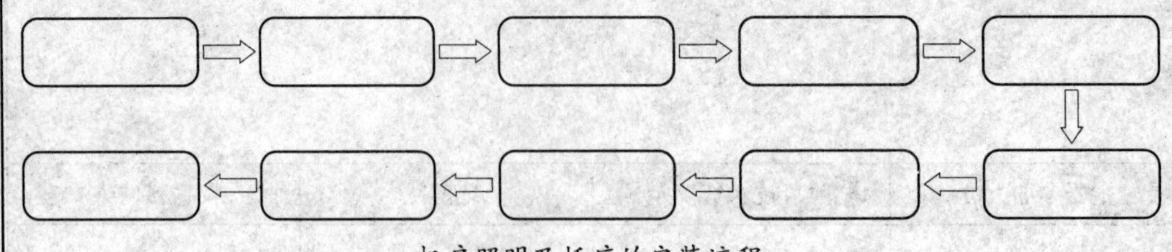

机房照明及插座的安装流程

续表

2. 安装注意事项

二、制订工作计划

根据机房照明及插座的安装流程，制订工作计划。

机房照明及插座安装工作计划表

1. 电梯型号				
2. 照明类型				
3. 所需的工具、设备、材料				
4. 人员分工				
序号	工作内容	负责人	计划完成时间	备注
1				
2				
3				
4				
5				
6				

制订工作计划之后，需要对计划内容、安装流程进行可行性研究，要求对实施地点、准备工作、安装流程等细节进行探讨，保证后续安装工作安全、可靠地执行。

学习活动 4　线路安装及验收

学习目标

1. 能正确使用机房照明线路安装常用工具。

2. 能正确测量机房接地电阻。

3. 能按图样、工艺、安全规程要求，完成机房照明及插座的安装。

4. 能正确进行荧光灯故障检测。

5. 能正确填写施工质量自检表，并交付验收。

6. 能拓展学习荧光灯电路常见故障现象与处理方法，学习维修技能。

7. 能对机房照明线路进行检修。

建议学时　12 学时

学习过程

一、领取电梯照明线路安装工具及材料

领取相关物料（工具、材料和仪器），就物料的名称、数量、单位和规格进行核对，填写物料领用表，为物料领取提供凭证。在教师指导下，了解相关工具和仪器的使用方法，检查工具、仪器是否能正常使用，准备机房照明线路安装所需的材料。

物料领用表

物料名称	数量	单位	规格	领用时间	领用人	归还时间	备注

续表

物料名称	数量	单位	规格	领用时间	领用人	归还时间	备注
注意事项	1．领用人应保管好所领取的工具及材料，若有遗失，需照价赔偿。 2．领用工具不得在实训以外场地使用，非允许不得外借他人使用。 3．易耗工具及材料在教师确认后以旧换新。 4．避免材料的浪费。						

二、安装机房照明线路

1．测量机房接地电阻

在下表中填写机房接地电阻测量记录。

机房接地电阻测量记录表

<table>
<tr><td>工程名称</td><td colspan="2"></td><td>机房楼号</td><td></td></tr>
<tr><td>测试部位</td><td colspan="2"></td><td>测试日期</td><td></td></tr>
<tr><td>测试单位</td><td colspan="2"></td><td>测试人员</td><td></td></tr>
<tr><td>仪表型号</td><td colspan="2"></td><td>环境温度、湿度</td><td></td></tr>
<tr><td>接地种类</td><td colspan="4">工作接地电阻≤ 4 Ω，重复接地电阻≤ 10 Ω，防雷接地电阻≤ 30 Ω，保护接地电阻≤ 4 Ω</td></tr>
<tr><td rowspan="2">接地保护名称</td><td rowspan="2">接地保护形式</td><td colspan="2">测定结果</td><td rowspan="2">记录人</td></tr>
<tr><td>设计电阻值 /Ω</td><td>实测电阻值 /Ω</td></tr>
<tr><td>机房预留总接地装置</td><td></td><td>≤</td><td></td><td></td></tr>
<tr><td>驱动电动机</td><td></td><td>≤</td><td></td><td></td></tr>
<tr><td>主机风机</td><td></td><td>≤</td><td></td><td></td></tr>
<tr><td>驱动主机梁（钢梁）</td><td></td><td>≤</td><td></td><td></td></tr>
<tr><td>控制柜</td><td></td><td>≤</td><td></td><td></td></tr>
<tr><td>限速器</td><td></td><td>≤</td><td></td><td></td></tr>
<tr><td></td><td></td><td></td><td></td><td></td></tr>
<tr><td></td><td></td><td></td><td></td><td></td></tr>
<tr><td colspan="2">施工单位（盖章）：

电工：

安全员：</td><td colspan="3">监理单位（盖章）：

水电监理工程师：</td></tr>
</table>

注：接地电阻测量周期为每月不少于两次。

2．安装机房照明电路

按照机房照明平面图完成接线，应注意接线的要求。安装完成后，由指导教师检查电路的完整性和正确性后，方可通电测试电路功能。并将机房照明电路安装过程记录在下表中。

机房照明电路安装过程记录表

序号	步骤	操作简图	项目内容	完成情况
1	识读机房照明安装电路图	N L S1 S2	（1）认识图中的字母代号和图形符号的意义 （2）根据图形符号和字母代号选择对应元器件 （3）找出元器件接线柱的位置在图中的点位	（1）□完成 □未完成 （2）□完成 □未完成 （3）□完成 □未完成
2	检查物料		（1）检查安装工具是否安全可靠 （2）检查元器件、材料是否符合要求	（1）□完成 □未完成 （2）□完成 □未完成
3	勘察现场，设置安全护栏和警示牌		检查施工通告牌设置情况，勘察现场是否符合施工要求，并在机房门口设置安全护栏和警示牌	□完成 □未完成

续表

序号	步骤	操作简图	项目内容	完成情况
4	按平面图确定元器件现场安装位置	500 1200 1600 1200 2000 600 1000	（1）分别用卷尺测得距左、右侧墙1 200 mm，距后侧墙2 000 mm，在机房天花板得两灯具安装中心点，以此中心点画两机房灯中心线 （2）用卷尺测得距前侧墙500 mm、距地面高300 mm，在右侧墙得一插座安装中心点，以该点为中心画插座中心线 （3）用卷尺测得距下侧墙600 mm、距地面高1 500 mm，在右侧墙得一配电箱安装中心点，以该点为中心画配电箱中心线 （4）用卷尺测得距左侧墙1 000 mm、距地面高1 300 mm，在后侧墙得一点，以该点为中心画开关中心线 （5）检查以上中心点位置偏差不大于5 mm	（1）□完成 □未完成 （2）□完成 □未完成 （3）□完成 □未完成 （4）□完成 □未完成 （5）□完成 □未完成
5	固定配电箱		（1）以配电箱中心线为基准，画轮廓线 （2）对准轮廓线，画出安装孔点位 （3）用铁质膨胀螺栓固定配电箱（顶面水平度偏差不大于2/1 000）	（1）□完成 □未完成 （2）□完成 □未完成 （3）□完成 □未完成

续表

序号	步骤	操作简图	项目内容	完成情况
6	敷设线槽、接线盒		（1）以开关中心线、插座中心线为基准，固定各个接线盒（用冲击钻打孔，用塑料膨胀螺钉固定） （2）用尖嘴钳打开各接线盒预留穿线槽孔（开口尺寸与线槽截面吻合） （3）根据所需连接元器件的两端位置确定线槽长度	（1）□完成 □未完成 （2）□完成 □未完成 （3）□完成 □未完成
7	敷设导线		（1）检查导线规格 （2）将导线放入线槽，盖上盖板 （3）在接线盒处引出导线，长度为100 ~ 200 mm （4）做好线头保护，进行导线绝缘测试	（1）□完成 □未完成 （2）□完成 □未完成 （3）□完成 □未完成 （4）□完成 □未完成
8	安装机房灯具	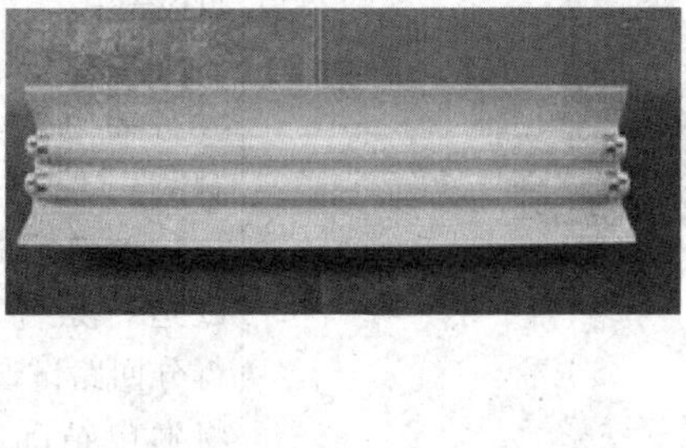	（1）检查对应灯具 （2）分别以左右机房灯中心线为基准，画出灯具轮廓线（以上轮廓线位置偏差不大于5mm） （3）以轮廓线为基准，确定安装孔位置，用手电钻钻孔，用塑料膨胀螺钉固定灯具	（1）□完成 □未完成 （2）□完成 □未完成 （3）□完成 □未完成

续表

序号	步骤	操作简图	项目内容	完成情况
9	按接线图接线	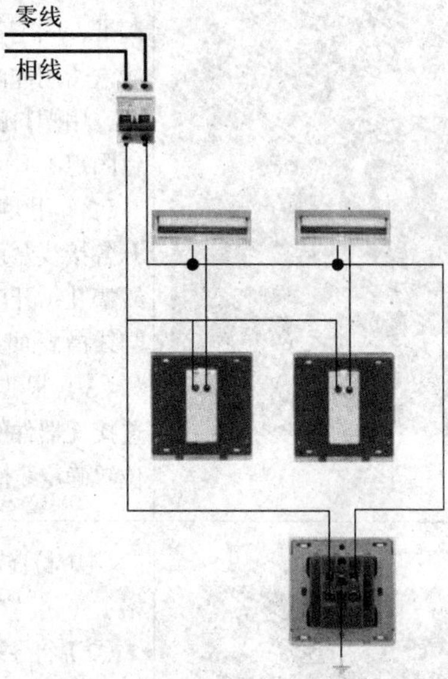 零线 相线	（1）按照接线图将线缆连接至各接线柱 （2）检查接线（相线接入开关、插座接线遵循“左零右相上接地”、螺口灯座螺纹处连零线） （3）导线连接处（接线柱除外）用绝缘胶带恢复绝缘 （4）装上开关面板及插座	（1）□完成 □未完成 （2）□完成 □未完成 （3）□完成 □未完成 （4）□完成 □未完成
10	施工后自检		（1）查看施工任务单，检查各项任务是否完成 （2）检查各项任务是否按规范要求完成，依据技术交底记录，检查施工质量，将自检情况填写在施工质量自检表中 （3）取下灯泡，进行通电前绝缘测试 （4）符合通电试运行条件，进行分回路试通电，将通电情况填写在施工质量自检表中	（1）□完成 □未完成 （2）□完成 □未完成 （3）□完成 □未完成 （4）□完成 □未完成

续表

序号	步骤	操作简图	项目内容	完成情况
11	清理施工场地，清点工具		（1）清理施工作业现场 （2）清点回收所用工具 （3）对使用完毕的工具进行适当的清洁和整理，检查工具的完好性，如有损坏及时填写工具设备、设施报修单并将工具归还	（1）□完成 □未完成 （2）□完成 □未完成 （3）□完成 □未完成
12	安装验收		组织验收小组依据机房照明线路安装规范进行验收，将验收情况填写在机房照明及插座安装验收表中	□完成 □未完成

施工质量自检表

项目	灯具	插座	开关	照明控制箱
各部件位置、尺寸				
接线端子可靠性				
维修预留长度				
导线绝缘的损坏情况				
接线的牢固程度				
接线的正确性				
美观协调性				

利用万用表进行电气检测，并做记录

项目	阻值	备注
机房照明支路的电阻		
插座支路的电阻		

分支路通电试运行，对运行结果做记录

支路	运行结果
机房照明支路	
插座支路	

机房照明及插座安装验收表

<table>
<tr><td colspan="2">单位工程名称</td><td></td><td>安装人员</td><td></td></tr>
<tr><td colspan="2">验收单位（房号）</td><td></td><td>验收日期</td><td>年 月 日</td></tr>
<tr><td colspan="3">施工执行标准名称及编号</td><td colspan="2"></td></tr>
<tr><td colspan="3">施工质量验收项目</td><td>检查评定记录</td><td>整改意见</td></tr>
<tr><td rowspan="4">主控项目</td><td>1</td><td>照明开关的选用、开关的通断位置</td><td>□合格 □不合格</td><td></td></tr>
<tr><td>2</td><td>插座的固定</td><td>□合格 □不合格</td><td></td></tr>
<tr><td>3</td><td>灯具的固定</td><td>□合格 □不合格</td><td></td></tr>
<tr><td>4</td><td>配电箱的固定</td><td>□合格 □不合格</td><td></td></tr>
<tr><td rowspan="4">一般项目</td><td>1</td><td>照明开关的安装位置、控制顺序</td><td>□合格 □不合格</td><td></td></tr>
<tr><td>2</td><td>插座安装和外观检查</td><td>□合格 □不合格</td><td></td></tr>
<tr><td>3</td><td>配电箱安装和外观检查</td><td>□合格 □不合格</td><td></td></tr>
<tr><td>4</td><td>灯具的外形、灯头及其接线检查</td><td>□合格 □不合格</td><td></td></tr>
<tr><td colspan="3" rowspan="2">施工单位检查评定结果：</td><td colspan="2">参加检查人员签字：</td></tr>
<tr><td colspan="2">施工单位质量检查员（签章）：

年 月 日</td></tr>
<tr><td colspan="3" rowspan="2">监理（建设）单位验收结论：</td><td colspan="2">参加检查人员签字：</td></tr>
<tr><td colspan="2">监理工程师（签章）：

年 月 日</td></tr>
</table>

安装工作结束后，电梯安装作业人员应确认所有部件和功能是否正常。安装作业人员应会同客户对电梯机房照明及插座进行检查，确认所委托的安装工作已全部完成，并达到客户的安装要求。

三、拓展学习荧光灯电路常见故障现象与处理方法

1．画出荧光灯电路，并指出各部分的名称。

2. 分析荧光灯电路常见故障现象与处理方法，填入表格中。

荧光灯电路常见故障现象与处理方法

常见故障现象	处理方法
荧光灯灯管不发光	
荧光灯灯丝立即烧断	
荧光灯灯管两端亮，中间不亮	
荧光灯灯管内有螺旋形光带	
荧光灯灯管两端发黑	
荧光灯镇流器有蜂鸣音	

3. 电梯机房里有一盏荧光灯启动困难。当合上开关准备启动时，荧光灯闪烁时间过长，易造成灯管损坏。请根据描述的故障现象，分析故障原因。

四、检修机房照明线路

对机房照明线路进行检修并做记录，填入表格中。

电梯机房照明线路检修记录表

编号：______________检修日期：____________ 参加人员：____________

序号	现象	检修内容	查验情况	处理方法
1	荧光灯不亮	检查荧光灯灯管是否正常		
		检查电源进线有无电压		
		检查漏电保护器是否正常		
		检查灯脚是否松动		
		检查接线有无错误		
		检查荧光灯与开关之间的连接线是否连接牢固		

续表

序号	现象	检修内容	查验情况	处理方法
2	荧光灯不亮，合上开关会跳闸	检查灯管、灯脚的接线是否错误		
3	荧光灯时亮时不亮	检查荧光灯电路各连接处是否连接牢固		
		检查镇流器是否故障		
		检查启辉器是否故障		
其他情况说明：				

学习活动 5　工作总结与评价

学习目标

1. 每组能派代表展示工作成果，说明本次任务的完成情况，进行分析总结。

2. 能结合任务完成情况，正确规范地撰写工作总结。

3. 能就本次任务中出现的问题提出改进措施。

4. 能对学习与工作进行反思总结，并能与他人开展良好合作，进行有效沟通。

建议学时　6 学时

学习过程

一、个人、小组评价

以小组为单位，选择演示文稿、展板、海报、视频等形式中的一种或几种，向全班展示、汇报工作成果。在展示的过程中，以小组为单位进行评价；评价完成后，根据其他小组对本组展示成果的评价意见进行归纳总结。

汇报思路设计：

其他小组的评价意见：

二、教师评价

认真听取教师对本小组展示成果优缺点以及在完成任务过程中出现的亮点和不足的评价意见，并做好记录。

1．教师对本小组展示成果优点的点评。

2．教师对本小组展示成果缺点及改进方法的点评。

3．教师对本小组在整个任务完成过程中出现的亮点和不足的点评。

三、工作过程回顾及总结

1．在团队学习过程中，项目负责人给你分配了哪些工作任务？你是如何完成的？还有哪些需要改进的地方？

2．总结完成电梯机房照明及插座安装任务过程中遇到的问题和困难，列举 2 ~ 3 点你认为比较值得和其他同学分享的工作经验。

3．回顾本学习任务的工作过程，对新学到的专业知识和技能进行归纳与整理，撰写工作总结。

评价与分析

按照客观、公正和公平的原则，在教师的指导下按自我评价、小组评价和教师评价三种方式对自己或他人在本学习任务中的表现进行综合评价。综合等级按 A（90 ~ 100）、B（75 ~ 89）、C（60 ~ 74）、D（0 ~ 59）四个级别进行填写。

学习任务综合评价表

考核项目	评价内容	配分（分）	评价分数		
			自我评价	小组评价	教师评价
职业素养	安全防护用品穿戴完备，仪容仪表符合工作要求	5			
	安全意识、责任意识强	6			
	积极参加教学活动，按时完成各项学习任务	6			
	团队合作意识强，善于与人交流和沟通	6			
	自觉遵守劳动纪律，尊敬师长，团结同学	6			
	爱护公物，节约材料，管理现场符合 6S 标准	6			
专业能力	专业知识扎实，有较强的自学能力	10			
	操作积极，训练刻苦，具有一定的动手能力	15			
	技能操作规范，遵循安装工艺，工作效率高	10			
工作成果	机房照明及插座安装符合工艺规范，安装质量高	20			
	工作总结符合要求	10			
总分		100			
总评	自我评价 ×20%+ 小组评价 ×20%+ 教师评价 ×60%=	综合等级	教师（签名）：